高等学校计算机专业规划教材

多媒体技术与应用案例教程

第2版

秦景良 农正 韦文山 编著

Fundamentals of Multimedia
A Case Study Approach
Second Edition

机械工业出版社
China Machine Press

图书在版编目（CIP）数据

多媒体技术与应用案例教程 / 秦景良，农正，韦文山编著 . —2 版 . —北京：机械工业出版社，2016.11

（高等学校计算机专业规划教材）

ISBN 978-7-111-55460-8

I. 多… II. ①秦… ②农… ③韦… III. 多媒体技术 – 高等学校 – 教材 IV. TP37

中国版本图书馆 CIP 数据核字（2016）第 281830 号

本书以文字、声音、图像、动画、视频等常见多媒体素材为线索，通过案例的分析和设计，用图解的方法介绍各类素材的处理技术及多媒体作品设计方法。主要内容包括多媒体技术基础知识、多媒体素材的获取与编辑、图像处理软件 Photoshop CC 2015、数字视频编辑软件 Premiere Pro CC 2015、二维动画软件 Flash Pro CS6、影视技术与光盘制作软件 VideoStudio Pro X8 等，并通过多媒体作品综合设计案例来巩固所学知识。

本书可作为高等院校计算机及相关专业本科生多媒体技术课程的教材和相关课程的参考书，也可作为从事多媒体技术研究、开发和应用的人员的参考用书。

出版发行：机械工业出版社（北京市西城区百万庄大街 22 号　邮政编码：100037）

责任编辑：朱　劼		责任校对：殷　虹	
印　　刷：北京市荣盛彩色印刷有限公司		版　　次：2017 年 1 月第 2 版第 1 次印刷	
开　　本：185mm×260mm　1/16		印　　张：14	
书　　号：ISBN 978-7-111-55460-8		定　　价：35.00 元	

前　言

目前，多媒体技术与应用已逐渐成为高校师生和普通中小学教师继续教育的必修课程。这是一门注重实践的课程，要求在做中学、在做中练，因此必须通过足够的上机实验和案例练习来理解和掌握所学的内容，否则不可能熟练地制作出优秀的多媒体作品。

本书第 1 版在课堂教学中取得了良好的效果，被全国很多兄弟院校采用为教材。随着工具软件的不断升级，其功能不断增强，本书内容也需要进行更新。在保持第 1 版风格的基础上，作者总结了近几年使用本书在各级教学、培训中的经验，对原书内容进行了修订和增删，更新了案例，并全面采用新版工具软件。根据应用和技术发展，本书删除了第 1 版中"多媒体设计工具软件——Authorware"的内容。除了第 5 章外，本书涉及的软件均使用了最新的版本。对于第 5 章涉及的 Flash，考虑到最新版已不支持 AS2.0 脚本语言，而 AS3.0 语言已进化成一门独立的面向对象语言，这超出了本书范围并且不适于简单多媒体作品的制作，因此该章还是沿用了 CS6 版本。

本书第 2 版的修订由第 1 版的作者集体讨论决定，并沿用了第 1 版的框架结构和基本案例。全书案例由秦景良进行全面修订，内容由农正统一定稿，最后由韦文山进行审定。为方便使用本书的教师，第 2 版仍将提供全书案例及习题所需的素材。由于时间和水平的限制，书中错误和不足之处在所难免，敬请读者批评指正。

编　者
2016 年 11 月

第 1 版前言

多媒体技术是一门应用前景十分广阔的计算机应用技术课程，随着网络技术的发展，多媒体技术的应用也越来越广泛，多媒体技术凭借其形象、丰富的多媒体信息和方便的交互性进入人类生活和生产的各个领域，给人们的学习、工作、生活和娱乐带来深刻的变化。如何掌握多媒体技术，独立进行多媒体产品的设计和开发，是人们比较关心的问题。

本书图文并茂、案例丰富、实用性强，叙述由浅入深、循序渐进、语言流畅，在内容编写上充分考虑到读者的实际阅读需求，通过具有代表性的实例，让读者直观、迅速地了解多媒体技术的基本概念及当前流行的多媒体软件的主要功能及应用。为了对软件的重点、难点进行合理讲解，本书在案例制作过程中使用图解的方法，达到直观、形象、可读性强的目的。

本书主要特色如下：

第一，注重基础。在教材内容的组织上遵循"重视基础知识的培养，加强实验的实用性，注重解决实际问题能力的培养"的原则，立足于"易学，易用"的编写策略。

第二，实用性强。本书的编者都是从事多媒体技术及其教育应用的工作者，近年来多次参加广西省及全国各类多媒体课件大赛并取得较好的成绩。在编写过程中，将实际教学和应用中的问题及经验充分反映出来，做到理论联系实际，可操作性强。

第三，具有启发性。本书的案例大多是从日常的本科生教学、中小学教师课件培训以及全国（或全区）高校多媒体课件大赛的项目中精心挑选出来的，并结合所学的相应知识点重新设计和整理而成，理论清晰易懂，设计思路明确可行，方法简单易学，能引导读者正确、高效地掌握多媒体技术。

第四，内容新颖。本书注重多媒体技术应用的新思想、新方法的学习，选题适当、结构完整、层次分明，能从多维视角纵观多媒体技术的应用。

本书共分为八章，韦文山负责编写第1、2、7章，农正负责编写第3、4章，秦景良负责编写第5、6、8章。最后由农正负责统一定稿。

本书为读者提供案例素材、源程序和习题素材等资料，并为教师提供教学课件，有需要者可登录华章网站（www.hzbook.com）下载。

本书在编写过程中参考了许多相关文献，也从中汲取了不少有益内容，在此向这些文献的作者、译者表示感谢。本书还得到许多同事以及出版社相关人员的支持和帮助，深表谢意。

由于作者水平有限，书中错误和不足之处在所难免，敬请读者批评指正。

编　者
2010 年 6 月

教 学 建 议

教 学 内 容	学习要点及教学要求	课时安排
第 1 章 多媒体技术基础知识	掌握多媒体技术的概念 了解多媒体的基本要素 了解多媒体作品的适用范围 掌握多媒体作品设计的一般流程	3
第 2 章 多媒体素材的获取与编辑	掌握文字素材的获取与编辑方法 掌握声音素材的获取与编辑方法 掌握图像素材的获取与处理方法 掌握三维文字动画素材的制作 掌握视频素材的获取方法	3
第 3 章 图像处理软件—— Photoshop CC 2015	熟悉 Photoshop 的界面及工具使用 掌握多张照片合成的方法 掌握给照片更换背景的方法 掌握文字效果处理的方法 通过绘制墙砖和贺卡制作综合实例,掌握图形图像处理与综合设计的基本技能	6～8
第 4 章 数字视频编辑软件—— Premiere Pro CC 2015	熟悉 Premiere 界面及工具的使用 掌握素材的导入方法 掌握素材的编辑方法 掌握影片字幕的添加方法 掌握影片转场的添加方法 掌握影片中的音频处理方法 掌握影片的保存与导出方法	4～6
第 5 章 二维动画软件—— Flash Pro CS6	熟悉 Flash 界面及工具的使用 掌握常用二维动画设计的方法 掌握各类特效设计、音视频的导入、互动代码设计、模板运用等方法 通过综合实例,掌握 Flash 动画综合设计的基本技能	8～10
第 6 章 影视技术与光盘制作技术 ——VideoStudio Pro X8	熟悉会声会影的界面及工具的使用 掌握各类素材的应用 掌握转场效果的添加方法 掌握片头片尾的设计方法 掌握作品输出方法 掌握用会声会影进行多媒体作品综合设计的方法	5
第 7 章 多媒体作品综合设计	通过综合实例,分别以 Flash 和 PowerPoint 为设计平台,综合运用各种多媒体工具软件进行设计和制作,掌握素材处理、封面封底设计以及各类媒体的集成应用,能够制作出多媒体相册	5
教学总课时建议		34～40

目　录

第 1 章　多媒体技术基础知识

本章导读

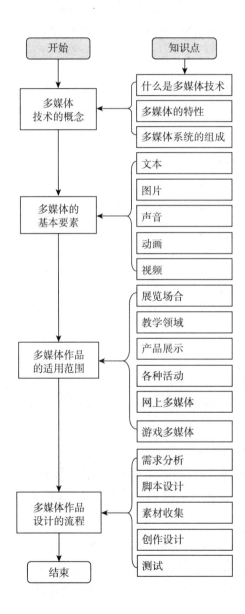

随着社会的发展，人们对信息的需求越来越迫切，同时更加关注信息媒体的表现形式。多媒体作品其实更像艺术作品。好的表现形式能使艺术作品主题的表现趋于完美，给人留下极深的印象。同样，表现形式精彩的多媒体作品，让人赏心悦目、如饮甘霖，从而对其所表现的内容产生深刻的印象。因此，多媒体作品的创作是信息化时代人们对艺术追求的一个重要方面，是技术与艺术的数字化结合，具有重要的现实意义。

本章将介绍多媒体技术的相关概念及知识，包括多媒体技术的概念、多媒体特性、多媒体系统的组成、多媒体的基本要素、多媒体作品的适用范围，以及多媒体作品设计的一般流程。本章作为全书的总括性理论基础，为后面内容的学习做好准备。

1.1 多媒体技术的概念

1.1.1 多媒体技术的定义

所谓**媒体**，是指传播信息的介质，通俗地说就是宣传平台，能为信息的传播提供平台的媒介就可以称为媒体。

通常把媒体分为以下几种类型。

- 感觉媒体（Perception Medium） 感觉媒体是指能直接作用于人们的感觉器官，使人直接产生感觉的一类媒体，如语言、文字、音乐、声音、图像、图形、动画等。
- 表示媒体（Representation Medium） 表示媒体是说明交换信息的类型、定义信息的特征的一类媒体，一般以编码的形式描述，例如 ASCII 编码、图像编码、声音编码、视频信号等。
- 显示媒体（Presentation Medium） 显示媒体是指获取和显示的设备。显示媒体又分为输入显示媒体和输出显示媒体。输入显示媒体包括键盘、鼠标、光笔、数字化仪、麦克风、摄像机等；输出显示媒体包括显示器、音箱、打印机、投影仪等。
- 存储媒体（Storage Medium） 存储媒体又称存储介质，指的是存储数据的物理设备。存储媒体有硬盘、软盘、CD-ROM、优盘、磁带、半导体芯片等。
- 传输媒体（Transmission Medium） 传输媒体指的是传输数据的物理设备。这类媒体包括各种导线、电缆、光缆、电磁波等。

有了媒体的定义，现在我们就可以给出"多媒体技术"的定义：多媒体技术是利用电脑把文字、图形、图像、动画、声音及视频等媒体信息数字化，并将其整合在一定的交互式界面上，使电脑具有交互展示不同媒体形态的能力。

在多媒体技术的应用和发展上，随着计算机技术的发展，目前出现了两个发展趋势：一是网络化发展趋势，与宽带网络通信等技术相互结合，使多媒体技术进入科研设计、企业管理、办公自动化、远程教育、远程医疗、检索咨询、文化娱乐、自动测控等领域；二是多媒体终端的部件化、智能化和嵌入化，提高计算机系统本身的多媒体性能，开发出智能家电等。

1.1.2　多媒体的特性

了解了定义后，我们还需要知道多媒体的特性，以区别其他的媒体。多媒体的特性如下：

- 媒体的多样化。在一般的计算机中只能处理字符（包括数字和文字）和图形，而在多媒体计算机中，不但可以处理字符、图形，还可以处理声音、图像等多种媒体。
- 媒体的集成性。多媒体技术的集成性是指将多种媒体有机地组织在一起，并建立起不同媒体之间的联系，做到图、文、声、像一体化。
- 媒体的交互性。多媒体技术的交互性是指除了播放以外，还可通过人与计算机之间的"对话"进行人工干预，也就是说，人们可通过软件系统的支持，对多媒体进行控制。
- 媒体的实时性。多媒体技术处理的信息有些和时间密切相关，如新闻报导等，需及时采集、处理和传送。

1.1.3　多媒体系统的组成

多媒体系统是指能够提供交互式处理文本、声音、图像和视频等多种媒体信息的计算机系统，故通常由4个部分组成：多媒体硬件系统、多媒体操作系统、媒体处理系统工具和用户应用软件。

- 多媒体硬件系统：包括计算机硬件、声音／视频处理器、多种媒体输入／输出设备及信号转换装置、通信传输设备及接口装置等。其中，最重要的是根据多媒体技术标准而研制成的多媒体信息处理芯片和板卡、光盘驱动器等。
- 多媒体操作系统：又称为多媒体核心系统（Multimedia Kernel System），具有实时任务调度、多媒体数据转换和同步控制、对多媒体设备的驱动和控制以及图形用户界面管理等功能。
- 媒体处理系统工具：又称为多媒体系统开发工具软件，是多媒体系统的重要组成部分。

- 用户应用软件：根据多媒体系统终端用户的要求而研制的应用软件或面向某一领域的用户应用软件系统，它是面向大规模用户的软件产品。

1.2 多媒体的基本要素

多媒体包括文本、图形、图像、声音、动画、视频剪辑等基本要素。在进行多媒体作品设计时，要从这些要素的作用、特性出发，进行充分构思、组织，发挥各种媒体要素的长处，把各类媒体有机地集成起来，达到人们所期待的某一目标。

1.2.1 文本

1. 文本的作用

多媒体作品可以通过文本向用户显示一定的信息，在用户展示多媒体作品时往往可以通过文本得到一定的帮助和导航信息，作品的使用人员不用经过专门的培训就能根据屏幕上的帮助、导航信息使用作品，增强了作品的友好性和易操作性。

2. 文本信息的特点

计算机屏幕上的文本信息可以反复阅读，从容理解，不受时间、空间的限制，但是，在阅读屏幕上显示的文本信息，特别是信息量较大时，容易引起视觉疲劳，使学习者产生厌倦情绪。另外，文本信息具有一定的抽象性，这就要求多媒体作品的使用者具有一定的抽象思维能力和想象能力，不同的阅读者对所阅读文本的理解也不完全相同。

3. 文本的开发

文本的开发有以下几种类型：

- 普通文本的开发。开发普通文本的方法一般有两种，如果文本量较大，可以使用专用的字处理程序来输入加工；如果文字不多，用多媒体创作软件自身提供的字符编辑器就足够了。
- 图形文字的开发。Microsoft Office 软件提供了艺术字工具 Microsoft Word Art，用 Word 软件中插入对象的方法，可以制作丰富多彩、效果各异的效果字；用 Photoshop 这一类的图形图像处理软件同样能制作图形文字。
- 动态文字的开发。在多媒体作品中，经常会用一些动态文字来吸引用户的注意，开发这些动态文字的软件很多，方法也很多。首先，一般的多媒体创作软件都提供了较为丰富的字符出现效果，像 PowerPoint、会声会影等创作软件中都有溶解、从左边飞入、百叶窗等多种效果；其次，也可以使用专用字体动画软件来制作文字动画，像 Cool 3D 这样的软件在制作三维文字动画时就非常简单方便。

4. 文本的格式与视觉诱导

多媒体中的文本为用户提供了大量的信息，设计多媒体文本时，丰富的格式将有效吸引用户的注意力。文本格式多样化的手段有以下几种：

- 段落对齐和左右缩进。多媒体中的段落对齐主要有左对齐、居中、右对齐、两端对齐等方式，通过不同的对齐方式，多媒体作品的开发人员就能方便地控制文本在页面中的左右位置。另外，开发人员还可以通过文本的左右缩进来控制文本在屏幕上的显示宽度。
- 字体、字号、风格及颜色。一般的字处理软件和多媒体创作软件都提供字符的字体、字号、风格（下划线、斜体、粗体等）及颜色的支持，利用这些字符效果就能起到突出的作用，从而更吸引用户的注意力。
- 线性文本与非线性超文本。用超文本技术开发的多媒体作品更接近用户的联想，更符合学习者的身心特点，便于信息的查询与检索，在多媒体应用中具有很大的潜力。但是，超文本开发所花的工作量远远超过线性文本的开发，从开发超文本所需的技术要求来讲，用一般的程序设计语言或字处理程序是很难做到的，要做到超文本的随意跳转，最好用面向对象的程序设计语言或专用的多媒体创作工具，如 Visual Basic、Visual C++、PowerPoint、Authorware、Director、Tool Book 等。

5. 多媒体文本开发应注意的问题

在开发多媒体系统中的文本时，应注意使用合适的字体，一是在新的应用环境中安装这些字体，二是在多媒体系统中嵌入所用的字体。如果开发的文字是标题，就把文字制作成图片文件，再插入到多媒体应用系统中。

1.2.2　图片

这里的图片指的是静态的图形图像。不同的学习者有不同的学习习惯，有些人善于从文字的阅读过程中获取信息，而有些人则喜欢从图形图像的观察、辨别中发现事物的本质，多媒体教学软件中的图形图像就为这类学习者提供了教学信息。另外，与教学内容相关的图形图像在降低教学内容抽象层次方面同样起着不可忽视的作用。

1. 图片的作用

图片具有如下作用：

- 传递信息。图形、图像都是非文本信息，在多媒体作品中可以传递一些用语言难以描述的信息，化抽象为直观、形象。
- 美化界面、渲染气氛。没有图片美化的作品根本称不上是多媒体作品，用合适的图形或图像做背景图或装饰图，能提高作品的艺术性，给人以美的享受。
- 用做导航标志。在多媒体作品中经常用一些小的图形符号和图片作为导航标志，特别是设计诸如教学软件这类作品，使用者用鼠标单击这些导航标志，就可以从一个页面跳转到另一个页面，任意选择自己想要了解的教学内容，从而在教学软件中任意漫游。

2. 图片信息的特点

与文本信息相比，图片信息一般比较直观，抽象程度较低，容易阅读，而且图片信息不受宏观和微观、时间和空间的限制，大到天体，小到细菌，前到原始社会，后到未来社会，这些内容都可用图片来表现。

3. 图片文件的类型

图片包括图形（Graphic）和图像（Image）两种。图形指的是从点、线、面到三维空间的黑白或彩色几何图，它们都是通过数学公式计算获得的，这样的图形也称为矢量图（Vector Graphic）。一般所说的图像不是指动态图像，而是指静态图像。静态图像是一个矩阵，其元素代表空间的一个点，称为像素（Pixel），这种图像也称位图。

位图中的位（bit）用来定义图中每个像素的颜色和高度。对于黑白线条图常用1位值表示，对灰度图常用4位（16种灰度等级）或8位（256种灰度等级）值表示该点的高度，而彩色图像则有多种描述方法。位图图像适合展现层次和色彩比较丰富、包含大量细节的图像。彩色图像需要由硬件（显示卡）合成显示。

4. 图片的来源、制作与加工

多媒体应用程序中的图片有不同的来源，主要有以下3种。

- 对已经数字化的图片进行加工。这些数字化的图片可以从网络、照片CD、艺术剪辑库中获得。例如，Microsoft Office 软件包 ClipArt 剪辑库中有许多的 WMF 文件可以使用。当然这些图片有些是免费的，有些是要付费的。
- 对印刷图片、视频图像或现实环境中的景观进行数字化处理。利用扫描仪、数码相机等设备就可以把印刷品中的图片或现实环境中的景观加以数字化处理，成为计算机能够识别的文件。

- 根据需要用绘图软件重新制作所用的图片。

5. 图片设计时应注意的问题

由于所用的彩色图像需要由硬件（显示卡）合成显示，因此在开发多媒体应用程序中的图片时应注意软件硬件的兼容性，以避免多媒体应用程序在移植中产生不必要的问题。

1.2.3 声音

除了视觉以外，人类获得的大部分信息来源于所听到的声音。在多媒体作品中，声音是最主要的刺激因素，它有着独特的性质和作用。正如美国著名美学家乔治·桑塔取纳所描述的那样，"在声音中有一种精密相连的音调层次，有一种可以刺激的音质关系，所以，可以用声音造就出一种近乎与肉眼能见的事物一样复杂而可描写的事物"。

1. 声音的作用

声音可以向用户传递作品包含的信息，吸引用户，保持用户的注意力，补充屏幕上显示的视觉信息。声音可以看成是信息的主流，也可以看成是视觉信息的补充。

讲解作为信息的主流是最常用的。讲解可以给出指令信息，同时用固定或移动的画面来说明所给的信息，并可使用屏幕上的文本来补充总结信息。

2. 声音信息的特点

多媒体作品中的声音信息主要有两方面的特性：瞬时性、顺序性。

通常屏幕上的视觉信息（文本、图形）可以根据需要而保持，用户可以看到这些信息的显示，一直到它们移开为止。但声音信息则不然，因为声音一产生很快就消失了，这就是声音的一个重要特性——瞬时性。由于声音的瞬时性，如果要重新听某个信息就必须重复声音。

声音的另一个特性是它的顺序性。如果你正在听一段句子，是不可能在句子的后半段听到句子的前面部分的，如果想再听前面有趣或遗漏的内容，只有用某些方式（例如重新定位）来重新开始。

3. 常用的声音文件格式

在多媒体系统中，存储声音信息的文件通常有两种格式：WAV 格式和 MIDI 格式。

WAV 文件来源于对声音模拟波形的采样，即用采样、量化、编码的手段从自然音响中采集而来。与 WAV 文件不同，MIDI（Musical Instrument Digital

Interface）是一种技术规范。它是通过综合乐器数字化接口（MIDI）规范的电子设备所合成的数字化音乐。

除了常用的 WAV 格式和 MIDI 格式声音文件外，还有 Apple 的 AIFF 等其他格式的声音文件。

4. 声音的来源

多媒体教学软件中声音的来源主要有以下两个渠道：
- 用声音处理软件录制音频波形文件或用 MIDI 设备合成 MIDI 数字音乐。
- 从已有的声音库或网上获取声音素材，再对这些素材进行编辑加工。

1.2.4 动画

在多媒体作品中，利用动画可动态地模拟演示一些事物的发展变化过程，使许多抽象或难以理解的内容变得生动有趣，从而达到事半功倍的效果。

尽管动画在传递信息方面有很强的表现力，但是，要制作出精美、适用的动画，花费的代价较高，而且技术要求高。

常见的动画文件主要有：FLIC 动画文件（3D studio）、swf 格式动画文件（Flash）和 MMM 格式动画文件（Director）等。

1.2.5 视频

由专门动画软件生成的动画文件难以表现真实物体和场景的运动，也没有同步声音，因此在应用中受到许多限制，影音兼备的视频文件恰好弥补了这方面的不足。

多媒体作品中的视频文件一般是以 AVI、MOV、MPG、DAT 等格式存储的，视频文件的来源有下面两个途径：一是通过视频捕捉卡从录像带上抓取，二是用工具软件从已有的数字视频文件中截取。

随着技术的进步，现在视频的分辨率有高清和标清的说法，现说明如下：

1）高清（High Definition），是指"高分辨率"。常见高清的分辨率有：720p、1080i、1080p、a1080、a720、816p 等。高清电视指支持 1080i、720p 和 1080p 的电视标准。现在的大屏幕液晶电视机一般都支持 1080i 和 720p。4K 分辨率是趋于 4096×2160 像素的分辨率，它是高清电视分辨率的 4 倍，属于超高清分辨率。

2）标清（Standard Definition）是指分辨率在 1280×720 以下的一种视频格式。

1.3　多媒体作品的适用范围

随着计算机的普及，多媒体已逐渐渗透到各个领域，社会对多媒体的需求越来越大，对多媒体相关技术的要求也越来越高，社会的进步不断推动多媒体的发展。那么多媒体能应用在哪几个方面呢？

一是用于公共展览馆、博物馆等需要展示的场合。虽然多媒体演示很难替代真实的展品，但它能形象、直观地展示展品，人们可以通过多媒体演示形象地了解展品，而不仅仅是看到简单的画面，也不需要专人讲解。有了多媒体展示，人们就可以从不同角度了解更多的知识，甚至不用去展览馆或图书馆就能欣赏展品。

二是用于教学领域。这在国内，也是一个大有可为的领域，教师通过多媒体课件可以非常形象、直观地讲述过去很难描述的课程内容，学生也可以更形象地理解和掌握相应学习内容。学生还可以通过多媒体进行自学、自测等。教学领域是多媒体的重要应用领域，多媒体的辅助和参与将使教学领域产生一场革命。

除学校外，各大单位、公司培训在职人员或新员工时，也可以通过多媒体进行教学培训、考核等，同时也可解决师资不足的问题，从某种意义上说，一张光盘或一段视频可以替代一位甚至几位优秀的老师。

三是用于产品展示。很多公司或工厂为宣传自己的产品投入了许多资金去做传统广告（如电视、报纸等），而以多媒体技术制作的产品演示为商家提供了一种全新的广告形式，商家通过多媒体演示可以将产品表现得淋漓尽致，客户则可通过多媒体演示随心所欲地了解产品，直观、经济、便捷，效果非常好，这种方式可用于多种行业，如房地产公司、IT公司、汽车厂商等。

另外还有电子出版物。过去人们看到的纸质出版物没有声音、图像，其表现形式是静态的，而采用了多媒体的电子出版物则使出版物更加活泼、有趣，更容易让人接受。

四是用于各种活动。开会是我们经常会遇到的，试想如果会前将会议的内容制作成多媒体，有视频、音频、动画等，非常形象地进行讲解，有谁还会感到枯燥呢？会后将会议的情况、花絮等用多媒体技术加以保留，岂不更好？推广一下，各种活动都可以用多媒体形式保留下来，包括家庭的婚嫁喜庆等值得纪念的活动。

五是用于网上多媒体。随着互联网的普及和网络带宽的提升，多媒体技术在互联网上越来越普及，一个有声音的动态页面比只有文字和图片的静态页面更能引起上网者的注意，更具有吸引力。网上多媒体可以与光盘相结合，从光盘就可直接访问网站，实现盘网结合，充分发挥多媒体的作用。

六是用于游戏多媒体。游戏本身就是多媒体，寓教于乐，任何人都容易接受，尤其是青少年。

1.4 多媒体作品设计的一般流程

1. 需求分析

需求分析是创作多媒体产品的第一步，其主要任务是确定用户对应用系统的具体要求和设计目标。需求分析将用户对应用系统的全部需求用"需求规格说明"文档准确地描述出来。文档通常有数据描述、功能描述、性质描述、质量保证及加工说明。这些文档要求内容准确、前后一致，是后续阶段的基础和依据。

2. 脚本设计

脚本编写是多媒体应用软件设计思想的具体体现，为多媒体应用软件的制作提供直接依据，是应用领域专家和应用开发制作人员沟通的有效工具。多媒体应用软件包括两个脚本：应用内容的文字脚本和制作脚本。

3. 素材收集

素材制作，即各种媒体文件的制作。其形式较多，数据量较大，因此素材的采集和制作可由许多人分工来完成。在多媒体创作过程中，素材的前期准备占大部分工作量。

4. 创作设计

许多多媒体创作工作是对已加工好的素材进行最后的处理和合成，即集成制作。集成制作应尽量采用快速原型法，即在创意的同时或创意基本完成之时，就先采用少量典型的素材，对交互性进行模拟制作。在模拟原型得到确认后再进行全面制作。

5. 测试

在多媒体系统设计完成后要进行测试，目的是发现程序中的错误。常用的测试方法是"走代码"的方法，即静态地阅读原代码和设计书，对每一语句进行检查，发现错误并进行纠正。而对于模块，要根据设计书检查模块功能，然后将各模块集成起来构成原型，交给用户，进行交互操作，检查可用性、画面、屏幕设计是否理想。

经过试用、完善后，可进行商品化包装，推向市场，同时注意维护和进行技术支持。

本章小结

本章从多媒体技术的概念开始，介绍了什么是多媒体技术、多媒体的特性、多媒体系统的组成，接着分析多媒体的基本要素，进而列举了由这些元素组成的多媒体作品的适用范围，最后让读者了解多媒体作品设计的一般流程。

本章练习

1. 什么是多媒体技术？通常把媒体分为哪几种类型？
2. 多媒体有哪些特性？
3. 多媒体有哪些基本要素？
4. 列举多媒体素材中，各类素材常用的文件后缀。
5. 说明多媒体作品设计的一般流程。

第2章　多媒体素材的获取与编辑

本章导读

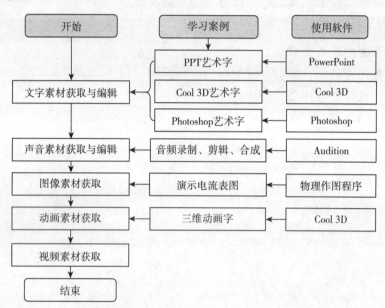

多媒体素材是指在多媒体作品中所用到的各种听觉、视觉材料，有文本、声音、图像、动画、视频等类型。对多媒体素材的获取与编辑就是对文本、图像、动画、声音及视频影像等各种类型多媒体素材的收集准备与制作，从而构建自己的素材库。

本章将介绍文本、声音、图像、动画、和视频影像等多媒体素材的获取途径，以及编辑制作所使用的工具软件。

2.1　文字素材的获取与编辑

2.1.1　文字素材获取概述

通常情况下，获取文字素材的方法与途径有以下几种：

● 手工输入待编辑的文字素材。

● 在计算机中用各种输入法来输入文字素材。

在计算机中，文字的输入方法很多种，除了常用的键盘输入以外，还可使用语音识别输入、扫描识别输入及笔式书写识别输入等方法。

文字素材通常有以下几种属性：

- 文字的格式。
- 字体素材的类型。
- 文字的定位。
- 文字字体。
- 字体的大小。
- 字体的颜色。

对文字素材属性进行不同设置，往往会产生不同的效果，在制作多媒体作品时，就是用这些不同效果来表达不同意义的。因此，掌握对文字素材属性的设置是文字素材处理的基本技能。

人们日常所应用的文字，一般采用 Word 文件格式（*.doc）和纯文本文件格式（*.txt），但在多媒体作品中，文字往往是一些特殊的、艺术性的文字。因此，在这里我们介绍的不是 Word 文本文件和纯文本 TXT 文件，而是一些特定软件的艺术字的制作和处理。

2.1.2 设计和制作特效艺术字

1. 使用 PowerPoint2016 设计艺术字

使用 PowerPoint2016 设计艺术字的具体操作步骤如下：

1）启动 PowerPoint2016。

2）在主菜单中单击"插入"→"艺术字"按钮。

3）选择"艺术字样式"，如图 2-1 所示。

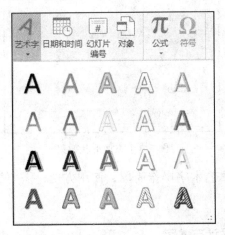

图 2-1 "选择艺术字样式"窗口

4）编辑"艺术字"文字，单击"确定"按钮。

5）成功插入艺术字，如图 2-2 所示。

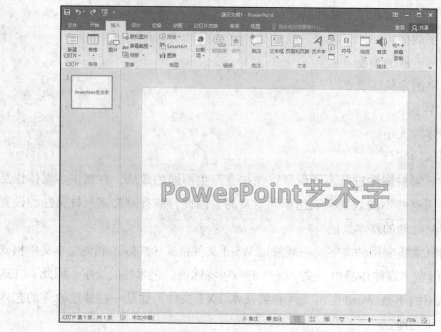

图 2-2　插入"艺术字"后的效果

6）选择该艺术字文本框，单击"开始"→"形状效果"按钮，
此处可以对艺术字添加三维、阴影、映像等额外的效果，如图 2-3 所示。

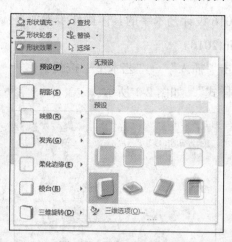

图 2-3　添加形状效果

用 PowerPoint 编辑艺术字操作简单，使用方便，需要简单的艺术字的场合可
以用这种方法来实现。

2. 使用 Cool 3D 设计艺术字

使用 Cool 3D 设计艺术字的具体操作步骤如下：

1）启动 Cool 3D。

2）在主菜单中选择"插入"→"图片"→"艺术字"命令，如图 2-4 所示。

图 2-4　Cool 3D 插入文字窗口

3）单击快捷工具栏中的"大小"按钮，调整"艺术字"的大小，如图 2-4 所示。

4）单击快捷工具栏中的"移动对象"按钮，调整"艺术字"的位置，如图 2-4 所示。

5）选择界面左下角"百宝箱"中的"对象样式"下"斜角"中的任一样式，如图 2-5 所示。

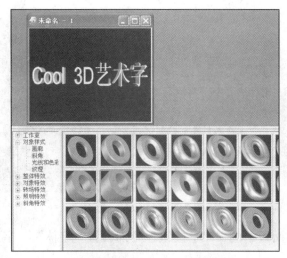

图 2-5　Cool 3D 文字的立体感设置

6）导出艺术字，将其保存成 JPEG 格式的艺术字文件，如图 2-6 所示。

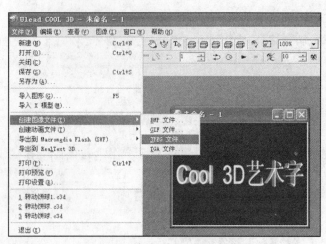

图 2-6　导出艺术字

3. 使用 Photoshop CC 2015 设计艺术字

使用 Photoshop CC 2015 设计艺术字的具体操作步骤如下：

1）启动 Photoshop CC 2015。

2）打开一个名为"山顶"的 JPEG 图片文件，如图 2-7 所示。

图 2-7　Photoshop 界面

3）单击工具面板中的"T"按钮，分别设置"字体"、"字号"、"颜色"，如图 2-8 所示。

图 2-8 设置字体、字号和颜色

4）在"山顶"图片上输入"Photoshop 艺术字"字样，并单击工具栏中的"√"按钮，如图 2-9 所示。

图 2-9 输入文字图

5）单击"图层"标签下的"添加图层样式"按钮，在弹出的菜单中选择"混合选项"命令，如图 2-10 所示。

图 2-10　艺术字样式设计 1

6）依次勾选各个复选框，尝试效果，达到满意效果后，单击"确定"按钮，如图 2-11 所示。

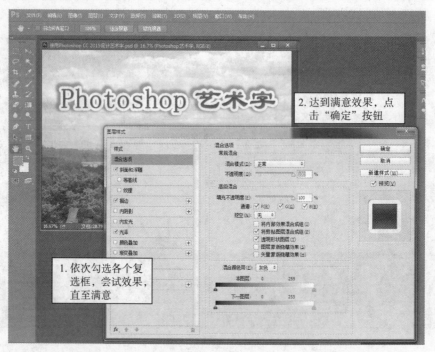

图 2-11　选择艺术字效果

7）点击"文件"→"存储为"命令，将艺术字保存成 JPEG 格式，如图 2-12 所示。

图 2-12　将"艺术字"保存成 JPEG 格式

　　本节介绍了常见的 3 种艺术字设计方法。首先介绍了使用 PowerPoint 自带的艺术字设计功能来实现艺术字，这种方法对于使用 PowerPoint 作为主平台的用户来说，是一种快捷、方便、简单的方法；接下来介绍了如何借助 Cool 3D 三维文字动画软件来进行艺术字设计，使用 Cool 3D 不仅能设计出静态的艺术字，还可以设计出动态的艺术字。更重要的是，使用者不需要太高深的计算机知识，初学者也可以设计出动态和静态的艺术字；最后介绍了如何使用 Photoshop 平面设计软件来设计具有专业水准的艺术字。

2.2　声音素材的获取与处理

　　声音在多媒体作品设计中是最重要的素材之一，因此，声音的录制、剪辑、合成等处理技术是多媒体作品设计者必须掌握的技术。本节将介绍如何使用 Audition CC 2015 软件来进行声音录制、剪辑、合成、格式转换等基本的声音素材处理工作。

2.2.1　Audition CC 2015 软件概述

　　Audition 原名为 Cool Edit Pro，是一款较为出色的数字音乐编辑器和 MP3 制作软件，不仅适合专业人员，也适合普通音乐爱好者，其功能完整、操作简便。
Audition CC 2015 对文件的操作是非损伤性的，在保存之前，对文件进行的各种编
辑不会改变原文件，因此，新手尽可放开手脚，大胆尝试各种操作。Audition CC
2015 能够自动保存意外中断的工作，当编辑一段音乐时，如果遇上突然停电（或
因其它原因造成的死机），而文件尚未保存，可以重新启动 Audition CC 2015，恢
复到上次的工作状态，甚至可以恢复剪贴板中的内容。

　　Audition CC 2015 功能很多，这里我们仅学习其中几个常用的功能，讲解如
何对原声进行录制、剪辑、合成及格式转换等处理。图 2-13 所示为 Audition CC
2015 的学习导图。

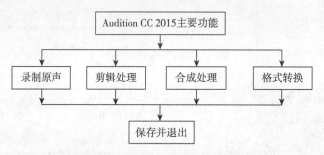

图 2-13　Audition CC 2015 学习导图

2.2.2　使用 Audition CC 2015 录制原声

1. 录音前话筒连接

（1）实现功能

把话筒的输出信号传输到声卡输入端（一般为绿色口）。

（2）具体操作

1）将话筒的输出端插入到声卡的话筒输入端，如图 2-14 所示。

2）打开 Audition CC 2015，准备进行录音。

图 2-14　声卡插孔示意图

2. 录音前软件环境设置

（1）实现功能

设置软件环境，使话筒输出信号能通过声卡输入到电脑中。

（2）具体操作

1）对屏幕右下角任务栏上的"小喇叭"右击鼠标，在弹出的选项中选择"录音设备"，如图 2-15 所示。

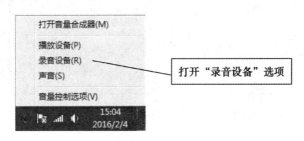

图 2-15　任务栏上的小喇叭图

2）在打开的"声音"设备画面中选择"录制"→"麦克风"→"属性"，如图 2-16 所示。

3）在"麦克风属性"设置页面中选择"级别"，再将"麦克风"和"麦克风加强"向右拉到适合位置（"麦克风加强"拉得太大会听出杂音），如图 2-17 所示。

4）最后点击"确定"按钮，麦克风在 Windows 7 系统中就设置完成了。

图 2-16　麦克风选择窗口

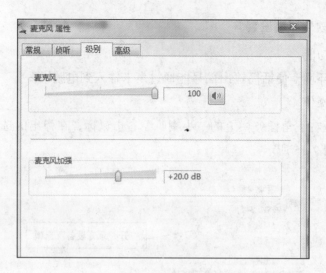

图 2-17 麦克风音量级别设置窗口

2.2.3 使用 Audition CC 2015 对音频文件进行剪辑处理

使用 Audition CC 2015 对音频文件进行剪辑处理的具体操作步骤如下：

1）启动 Audition CC 2015，进入单轨音频编辑窗口（默认是单轨编辑窗口），如图 2-18a 所示。

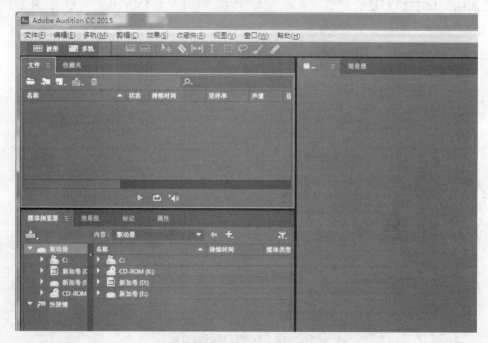

a) Audition CC 2015 单轨编辑窗口

图 2-18 Audition CC 2015 的两种窗口

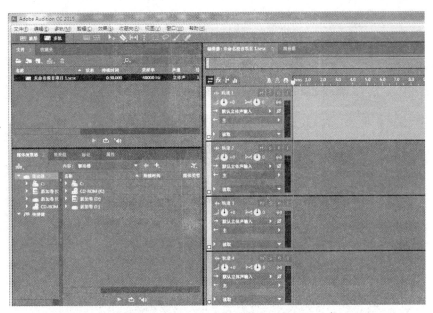

b) Audition CC 2015 多轨编辑窗口

图 2-18 （续）

2）打开一个音频文件，如图 2-19 所示。

3）在音频波形窗口中选择需要复制或剪切的波形（上下两段分别为左右声道波形，两者是一致的），选择主菜单中"编辑"→"复制"或"剪切"命令，对波形进行复制或剪切，如图 2-20 所示。

4）把剪贴板中的波形粘贴到当前波形中，如图 2-21 所示。

5）最终的粘贴结果如图 2-22 所示。

安装后运行的 Audition CC 2015 有两种窗口：单轨音频编辑窗口和多轨混音窗口，分别如图 2-18a 和图 2-18b 所示。可以点击相应按钮在两个窗口之间切换，对一个波形文件录制编辑等操作一般用单轨音频编辑窗口，多轨录制或混合多个波形文件一般用多轨混音窗口。像大多数 Windows 程序一样，Audition CC 2015 对波形文件的操作也支持类似其他 Windows 程序一样的删除、剪切、复制、粘贴等操作，且功能更全面、复杂。

2.2.4 使用 Audition CC 2015 对音频文件进行合成处理

音频文件的合成是指把多个音频文件合成为一个文件，例如为诗朗诵配上背景音乐，就是把诗朗诵的音频文件和背景音乐合成为一个音频文件。音频文件的合成在多媒体作品创作中经常用到。

图 2-19　用 Audition CC 打开音频文件

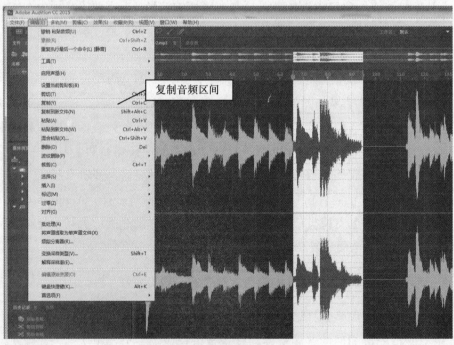

图 2-20　选择波形及复制或剪切

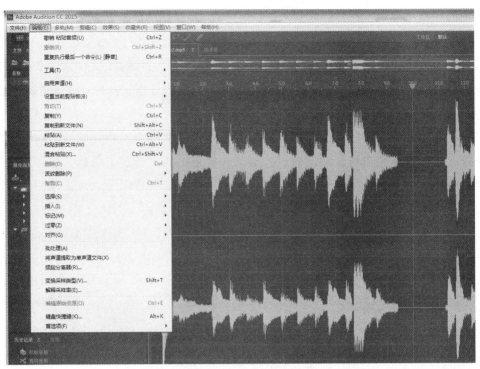

图 2-21   将复制到剪贴板中的波形粘贴到播放头当前位置

图 2-22   波形插入到当前音频波形中后的结果

打开单轨音频编辑窗口，导入 1 个音频文件，在该音频波形上右击鼠标，在弹出的快捷菜单中选择"插入到多轨混音中",编辑好的波形已在最上面一轨等候了。在各个轨道的左边按钮中,有3个较醒目的按钮"M"、"S"、"R",分别代表静音、独奏、录音3种状态,可按照需要选用与取消对该轨道的作用。3个按钮下侧还有fx效果选项,可以调整该轨道音频的音量或是添加各种音效(例如延迟、回声等)。

在多轨混音窗口中,按住鼠标右键左右拖动某轨波形,将它的"出场"时间调整合适。在播放多轨音频的时候,对某一轨道上的波形右击鼠标,在弹出的快捷菜单中选择"剪辑增益"命令,然后左侧出现该音频剪辑属性对话框,通过鼠标左右拖拽增益圆环按钮或手动输入数字进行音量的调整,直到合适为止。

利用Audition CC 2015对音频文件进行合成处理的具体操作步骤如下:

1)启动Audition CC 2015,进入多轨混音窗口,如图2-23所示。

图2-23 Audition CC 2015 多轨混音窗口

2)分别在音轨1、音轨2上右击鼠标,插入音频文件,如图2-24所示。

3)播放多轨音频,在音轨1或音轨2的波形上右击鼠标,在弹出的快捷菜单中选择"剪辑增益"命令,如图2-25所示。在圆环上方左右拖拽移动鼠标,调整音量,如图2-26所示。

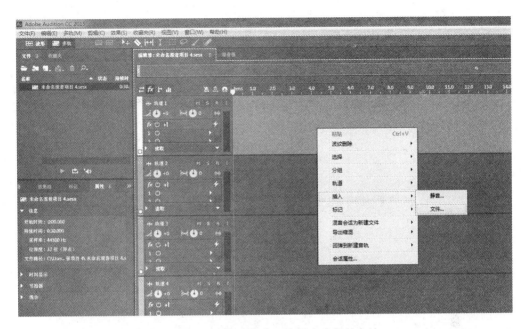

图 2-24　在多轨混音窗口中插入音频的方法

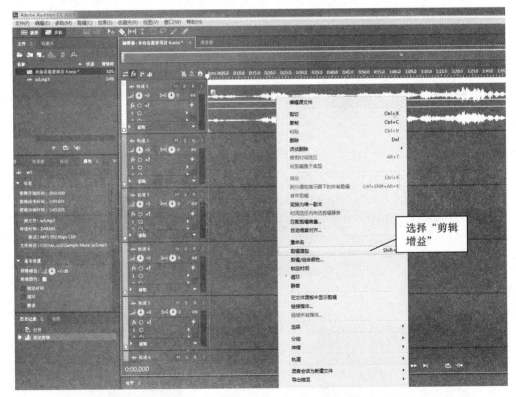

图 2-25　多轨混音窗口调节音量方法 1

4）选择主菜单中的"文件"→"导出"→"多轨混音"→"整个会话"，把合成后的音频保存为所需格式，如图 2-27 所示。

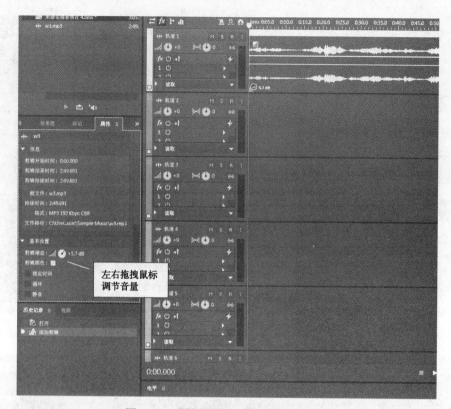

图 2-26   多轨混音窗口调节音量方法 2

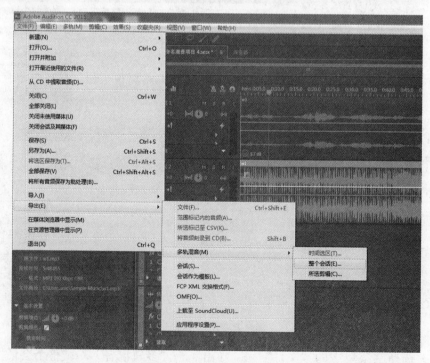

图 2-27   多轨混音合成保存图

2.2.5 使用 Audition CC 2015 对音频文件进行格式转换

音频文件的格式转换是常见的一种音频处理工作，使用 Audition CC 2015 很容易实现对音频文件的格式转换。使用 Audition CC 2015 对音频文件进行格式转换的具体操作步骤如下：

1）启动 Audition CC 2015，打开需要进行格式转换的音频文件，如图 2-28 所示。

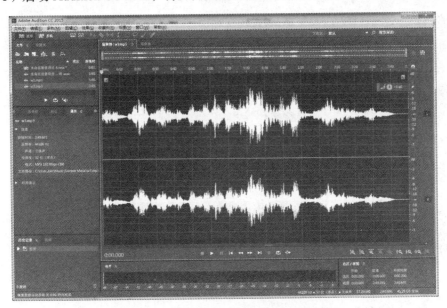

图 2-28　打开需要进行格式转换的音频文件

2）选择主菜单的"文件"→"另存为"命令，选择相应的后缀后保存，如图 2-29 和图 2-30 所示。

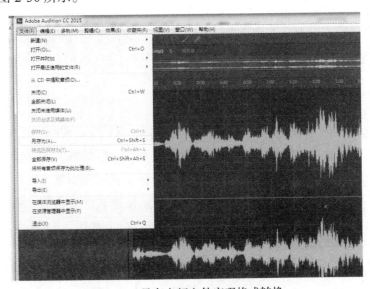

图 2-29　另存音频文件实现格式转换

图 2-30　选择要转换为的格式的文件后缀

本节介绍了如何使用 Audition CC 2015 软件来进行原音的录制、声音文件的剪辑、多个声音文件的合成，以及各种不同格式文件的转换等声音处理技术。

2.3　图像素材的获取

图像素材的获取方法有很多种，例如，使用软件平台提供的图形工具进行绘制、通过扫描仪载入，以及通过数码设备拍摄等。

2.3.1　图形绘制与编辑

在各种制作多媒体作品的软件（如 PowerPoint、Photoshop、Flash、Authorware 等）中，都自带绘图工具，为用户带来了方便。但是现实中制作多媒体作品时，特别是制作学科课件时，大家普遍感到绘制专业图形困难，可以说，这也是创作多媒体作品的一个瓶颈。这里建议大家除了使用软件平台原本提供的绘图工具以外，可同时采用一些专用的作图工具（如轻松工具箱、Word 版物理作图程序等）。

在 Word 版物理作图程序中，常用物理图形都已做好，只需单击就能绘制出一个完整图形，还可以根据个人需要进行修改。例如，要绘制中学物理中的演示电表，只需单击就能实现，而且可以任意修改，这些图形可以在 Word 里单击生成。更重要的是，这些图形可以复制到其他软件中应用。下面通过一个案例来讨论物理图形的绘制方法。

"Word 版物理作图程序"应用的具体操步骤如下：

1）双击运行"物理作图程序 .dot"，接着单击 Word 2016 中的"加载项"→"物理图形栏"，如图 2-31 所示。

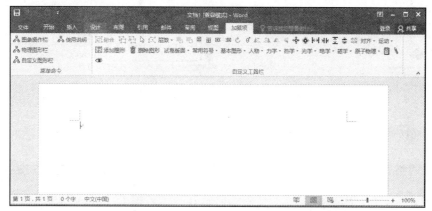

图 2-31　"物理作图程序 .dot"在 Word 中的界面

2）在快捷工具栏中单击所需图形的图标，将得到相应图形。本例单击"电学"→"实物图"→"演示电流计"，即得到演示电流计图，如图 2-32 所示。

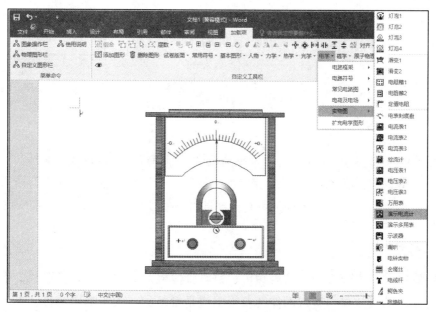

图 2-32　单击"演示电流计"即得到演示电流计图

3）对"演示电流计"进行"取消组合"操作，如图 2-33 所示。

4）修改"演示电流计"的指针摆位，修改完毕再"重新组合"，如图 2-34 所示。

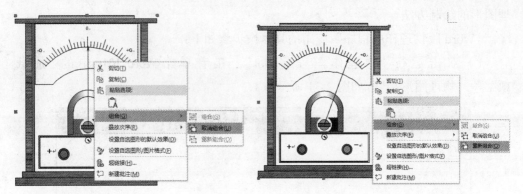

图 2-33　取消"演示电流计"组合　　　　图 2-34　重新组合"演示电流计"

5）最终结果如图 2-35 所示。

2.3.2　网络资源

网络上有丰富的资源，很多图像资源是从网络中获取的。常用的图片素材获取网站有：昵图网、千图网、站酷、素材中国、百度图片等。读者可通过网络关键字检索找到这些网站的网址，然后通过站内的检索程序找到需要的图片。需要注意的是，最好能找到提供源文件、分辨率高清的图片素材，这样制作出来的作品更为清晰。

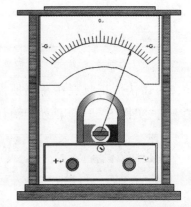

图 2-35　修改指针后，重新组合的效果

2.3.3　图像扫描

在 Photoshop CC 2015 中，如果电脑连接了扫描仪，可以选择"文件"→"导入"→"WIA 支持"命令，选择相应的扫描仪进行图像扫描，从而获得所需要的图像。ACDSee、汉王 OCR 等很多软件都具有类似功能，使用方法大同小异。

2.3.4　数码拍摄

随着数码技术的发展，数码相机、数码摄像机的应用已经相当普及，手机也有很优秀的拍摄效果，所以图像的获得渠道是很多的。关于数码拍摄，本书不再详细介绍。

2.4 动画素材的获取

1.用软件制作动画

通常，可以用 Cool 3D、Flash 等软件进行动画设计，在这里我们介绍 Cool 3D 的动画制作，Flash 的动画设计在后面的内容中进行介绍。

前面介绍了 Cool 3D 的艺术字设计，现在我们学习 Cool 3D 的另一个功能和应用，即用 Cool 3D 进行文字动画设计。

使用 Cool 3D 制作动画的具体操作步骤如下：

1）启动 Cool 3D，在快捷工具栏中单击"插入文字"按钮，输入文字，单击"确定"按钮，如图 2-36 所示。

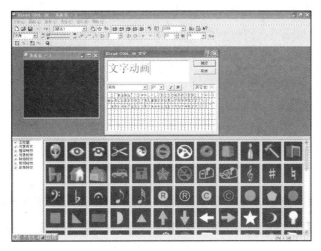

图 2-36　插入文字

2）选择界面左下角的"百宝箱"中的"对象样式"下"斜角"中的任一样式，设置立体字，如图 2-37 所示。

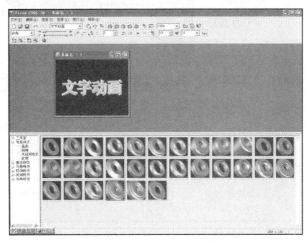

图 2-37　设置立体字

3）在“整体特效”、“对象特效”、“转场特效”、“照明特效”和“斜角特效”中选任一动画，设置动画字，如图 2-38 所示。

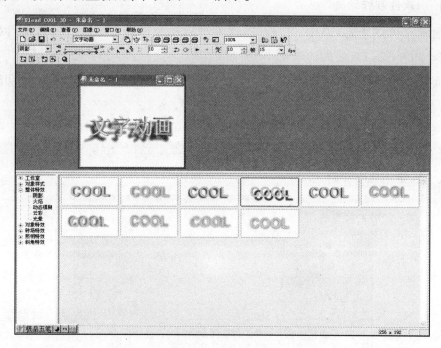

图 2-38　设置动画字

4）创建动画文件，保存为 GIF 格式或 AVI 格式，如图 2-39 和图 2-40 所示。

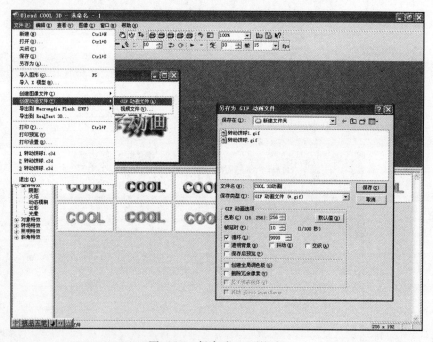

图 2-39　保存为 GIF 格式

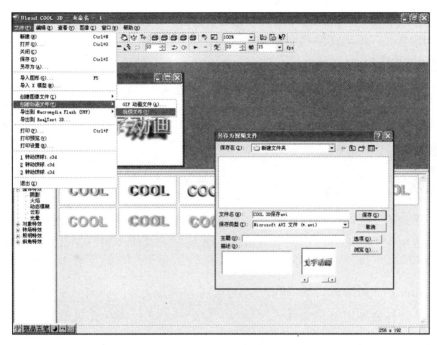

图 2-40　保存为 AVI 格式

本节主要介绍了如何利用 Cool 3D 三维动画文字软件进行文字动画的创作，详细介绍了文字的输入、立体感的设置、各种特效处理，以及最终作品的输出等内容。

与前面的例子相比，本例是使用 Cool 3D 生成动画文件，在制作过程中要对文字的动画进行设计，保存输出时选择"创建动画文件"→"GIF 动画文件"命令；而前面介绍的是使用 Cool 3D 生成静态图片文件，所以在设计过程中只对文字进行静态处理，保存输出时选择"创建图像文件"→"JPEG 文件"命令。

2. 网络资源

同图像资源可以从网络获取一样，很多动画资源也可以从网络中获取。常见的提供动画资源的站点有：闪吧、站长素材、16 素材网等。前面提到的图形素材网站也包含有动画素材，读者可以根据需要查询和选用。

2.5　视频素材的获取与编辑

1. 软件制作

很多软件可以生成视频文件，如 Cool 3D、3Ds Max、Flash、会声会影等，本书其他章节已经介绍 Cool 3D、Flash、会声会影、Premiere 等软件生成 AVI 的方法，这里不再重复。

2. 网络资源

网络中也有很丰富的视频资源，因此，视频资源可以直接从网络中获取，网络资源的搜索、下载、获取技巧等方法在其他章节介绍。

3. 数码拍摄

随着数码技术的发展和数码摄像的广泛应用，可以通过数码拍摄获取更多的视频素材。

本章小结

本章介绍了文本、声音、图像、动画和视频影像等多媒体素材的获取途径，以及编辑制作它们所使用的工具软件。首先介绍了艺术字设计，分别介绍了如何使用 PowerPoint、Cool 3D、Photoshop 来实现艺术字的设计；其次介绍了如何使用 Audition CC 2015 软件来进行原音的录制、声音文件的剪辑、多个声音文件的合成，以及各种不同格式文件的转换等声音处理技术；最后介绍了如何利用 Cool 3D 三维动画文字软件进行文字动画的创作。

本章练习

1. 文字素材通常有哪几种属性？
2. 用 Audition CC 2015 录制一段 WAV 文件，将其保存在磁盘上，并分别转换成 MP3、WMA 等文件。
3. 将上题所录制的 WAV 文件进行如下处理：
   1）在这段 WAV 文件中插入另一段声音。
   2）删除这段 WAV 声音中的某一小段空白或其他不必要的声音。
   3）在这段 WAV 声音中混入第二种声音，并注意调整，使两者的播放时间长度相等且音量大小合适。
4. 用 Cool 3D 设计一段动画文字，添加背景，最后创建相应的 GIF 动画和视频文件。

第3章 图像处理软件——Photoshop CC 2015

本章导读

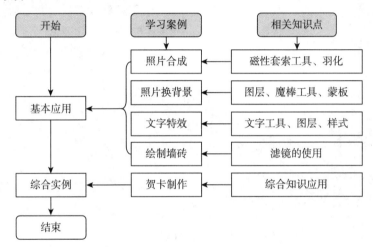

Photoshop 是常用的平面美术设计软件之一，在广告、出版、图形图像处理领域，Photoshop 是首选的平面设计工具。Photoshop 更擅长图像处理，而不是图形创作。需要强调的是，图像处理和图形创作是两个不同的概念，图像处理是对已有的位图图像进行编辑加工或者运用一些特殊的效果，是对图像的处理加工；而图形创作是按照自己的构思创意，使用矢量图形来进行图形的创作。

目前，Adobe Photoshop 已经发展到了 Photoshop CC 2015 版本，考虑到软件的向前兼容性和界面的一致性，本书以新版 Photoshop CC 2015 版本为例进行介绍。

本章介绍的案例有：多张照片的合成，给照片换背景，文字效果处理，绘制墙砖和贺卡制作，通过对这些案例进行学习掌握 Photoshop 软件的应用。

3.1 Photoshop CC 2015 界面与工具箱

3.1.1 Photoshop CC 2015 界面介绍

打开 Photoshop 之后，读者将看到图 3-1 所示的工作界面。在 Photoshop 中选择"文件"→"打开"命令，弹出"打开"对话框，选择一张图片，单击"打开"按钮，图片就在 Photshop 中打开了。如图 3-1 所示，Photoshop 界面主要由菜单栏、公共栏、工具箱、图像窗口、参数设置面板、Photoshop 桌面和状态栏等组成。

图 3-1   Photoshop CC 2015 界面

1. 菜单栏

使用菜单栏中的菜单可以执行 Photoshop 的许多命令，在该菜单栏中共排列有 9 个菜单，其中每个菜单都带有一组自己的命令。

2. 公共栏

用来显示工具箱中所选工具的一些选项。选择不同的工具或选择不同的对象时出现的选项不同。

3. 工具箱

工具箱包含了 Photoshop 中各种常用的工具，单击某一工具按钮就可以调出相应的工具。

4. 图像窗口

图像窗口即图像显示的区域，在这里用户可以编辑和修改图像，也可以对图像窗口进行放大、缩小和移动等操作。

5. 参数设置面板

图像窗口右侧的小窗口称为控制面板，读者可以使用它们配合图像编辑操作和 Photoshop 的各种功能设置。执行"窗口"菜单中的一些命令，可打开或者关闭各种参数设置面板。

6. Photoshop 桌面

在这里我们可以随意摆放 Photoshop 的工具箱、控制面板和图像窗口，双击桌面上的空白部分可打开各种图像文件。

7. 状态栏

最底部还有一栏称为状态栏，显示一些相关的状态信息，可通过三角按钮来选择显示何种信息。

熟悉 Photoshop 的应用界面并熟练掌握工具箱的使用是学习 Photoshop 的第一步。有关 Photoshop 各个界面的功能本书不做一一介绍，只重点介绍工具箱中各项工具的作用与功能，为读者学习和使用工具打下基础，其他界面在后续的案例介绍中会涉及。Photoshop 的工具箱给出了多个工具，下面对各项工具进行介绍。

3.1.2　Photoshop 工具箱

图 3-2 给出了 Photoshop CC 2015 工具箱各项工具的符号图。

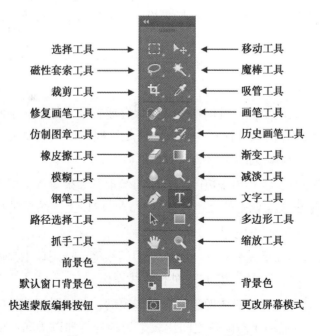

图 3-2　Photoshop CC 2015 工具箱

1. Photoshop 的主要工具

下面介绍 Photoshop 的主要工具及其使用。

移动工具：可以对 Photoshop 中的图层进行移动。

矩形选择工具：可以用一个矩形区域选择图像中的范围。

单列选择工具：可以在图像垂直方向选择一列像素，一般用于比较细微的选择。

裁剪工具：可以对图像进行裁剪。

套索工具：可以在按住鼠标左键的同时进行拖拽，选择一个不规则的区域。

多边形套索工具：可以用鼠标在图像上单击确定一点，然后使用多线选中要选择的范围。

磁性套索工具：这个工具似乎有磁力一样，不需按住鼠标左键而直接拖拽鼠标，在工具端会出现自动跟踪的线，这条线总是走向颜色之间的边界处，一般用于颜色之间差别比较大的图像选择。

魔棒工具：用鼠标在图像中某颜色处单击，对图像颜色进行选择，选择的颜色应为相同的颜色，其相同程度可用魔棒工具双击，在屏幕右上角容差值处调整容差度，数值越大，表示魔棒所选择的颜色差别越大，反之，颜色差别越小。

喷枪工具：主要用于对图像上色，上色的压力可通过右上角的选项调整，上色的大小可通过右边的画笔选择自已所需的笔头大小，上色的颜色可通过右边的色板进行选择。

画笔工具：同喷枪工具作用基本相同，也是用来对图像进行上色，只不过笔头的蒙边比喷枪稍少一些。

仿制图章工具：用于复制取样的图像，可将样本应用到其他图像或同一图像的其他部分。

历史记录画笔工具：可以恢复最近保存或打开图像的原来的面貌，如果对打开的图像进行操作后没有保存，恢复的将是这幅图原来的面貌；如果对图像保存后再继续操作，则恢复的将是保存后的图像面貌。

橡皮擦工具：主要用于擦除不必要的像素，如果对背景层进行擦除，则背景色是什么色擦出来的就是什么色；如果对背景层以上的图层进行擦除，则会将这层颜色擦除，并显示出下一层的颜色。

铅笔工具：主要是模拟平时画画所用的铅笔，选用该工具后，在图像内按住鼠标左键的同时进行拖拽，即可以进行画线操作。

模糊工具：主要是对图像进行局部加模糊，按住鼠标左键的同时进行拖拽即可进行操作，一般用于对颜色之间比较生硬的地方加以柔和，也可用于颜色之间过渡比较生硬的地方。

锐化工具：与模糊工具相反，它是用来增加像素间的对比度，在其作用的范围内使全部像素清晰化。

涂抹工具：可以将颜色抹开，一般用于颜色之间边界生硬或颜色之间衔接不好的情况，可将过渡颜色柔和化，有时会用于修复图像的操作。

减淡工具：也可称为加亮工具，主要是对图像进行加光处理以减淡图像的颜色，其减淡的范围可以通过在右边的画笔处选取笔头大小来进行设置。

加深工具：与减淡工具相反，也可称为减暗工具，主要是对图像进行变暗以加深图像的颜色，其加深的范围可以通过在右边的画笔处选取笔头大小来进行设置。

海绵工具：用于对图像的颜色进行加色或减色处理，可以在右上角的选项中选择加色还是减色。

钢笔工具：用来创造路径的工具，创造路径后，还可再编辑，可用于绘制具有最高精度的图像。

2. 相关概念及参数设置面板

1）位图：又称光栅图，一般用于照片品质的图像处理，是由许多像小方块一样的"像素"组成的图形。由其位置与颜色值属示，能表现出颜色阴影的变化。在 Photoshop 中主要用于处理位图。

2）矢量图：通常无法提供生成照片的图像属性，一般用于工程技术绘图。例如灯光的质量效果很难在一幅矢量图中表现出来。

3）分辨率：每单位长度上的像素叫做图像的分辨率，简单讲就是电脑图像的清晰程度，分辨率有很多种，如屏幕分辨率、扫描仪的分辨率、打印分辨率等。

4）图像尺寸与图像大小及分辨率的关系：如图像尺寸大、分辨率大、文件较大、所占内存大，电脑处理速度较慢，反之，电脑处理速度较快。

5）通道：在 Photoshop 中，通道是指色彩的范围。一般情况下，一种基本色为一个通道。如 RGB 颜色，R 为红色，G 为绿色，B 为蓝色。

6）图层：在 Photoshop 中，涉及多个图层的制作时，每一层好像是一张透明纸，叠放在一起就是一个完整的图像。对每一图层进行的修改处理，不会对其他图层造成任何影响。

7）图像的色彩模式如下：

- RGB 彩色模式：又叫加色模式，是屏幕显示的最佳颜色，由红、绿、蓝 3 种颜色组成，每一种颜色可以有 0 ~ 255 的亮度变化。

- CMYK 彩色模式：由青色（Cyan）、洋红色（Magenta）、黄色（Yellow）及 Black 的最后一个字母（之所以不取首字母，是为了避免与蓝色（Blue）混淆）组成，又叫减色模式。一般打印输出及印刷都使用这种模式，所以打印图片一般都采用 CMYK 模式。

- HSB 彩色模式：是将色彩分解为色调、饱和度及亮度，通过调整色调、饱和度及亮度得到颜色和变化。
- Lab 彩色模式：这种模式通过一个光强和两个色调来描述一个色调 a 和另一个色调 b，它主要影响着色调的明暗。一般 RGB 转换成 CMYK 都要先经过 Lab 的转换。
- 索引颜色：这种颜色下图像像素用 1 字节表示，它最多包含有 256 色的色表，存储并索引其所用的颜色，其图像质量不高，所占空间较少。
- 灰度模式：即只用黑色和白色显示图像，像素值 0 为黑色，像素值 255 为白色。
- 位图模式：像素不是由字节表示，而是由二进制表示的，即黑色和白色由二进制表示，从而所占磁盘空间最小。

3.2 Photoshop 案例设计与制作

3.2.1 使用 Photoshop 合成两张照片

1. 实现功能

合成两张照片。主要应用磁性套索工具和照片颜色搭配，对照片进行颜色调整并添加简单效果，实现照片的合成。如图 3-3 所示，本例中将"校园鸟瞰"和"飞机"两个素材合成如图 3-4 所示的效果。

校园鸟瞰

飞　机

图 3-3　合成素材图

图 3-4　两张照片合成效果

2. 制作流程

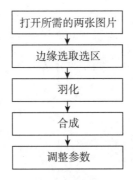

```
打开所需的两张图片
        ↓
    边缘选取选区
        ↓
       羽化
        ↓
       合成
        ↓
     调整参数
```

3. 实现过程

1）打开需要的两张图片，在第 3 章素材"案例一"中，选取文件"校园鸟瞰"为图片 1，"飞机"为"图片 2"，打开这两张图片，如图 3-5 所示。

图 3-5　打开需要的两张素材

2）选取选区。选择"磁性套索工具"，设置"频率"参数为 100 以提高出点数，沿"图片 2"中的飞机边缘选取选区，选取区域闭合后会自动生成选区，如图 3-6 所示。

3）对选区进行羽化。单击"选择"→"修改"→"羽化"命令，设置羽化半径（R）为 3 像素，单击"确定"按钮，如图 3-7 所示。

图 3-6   飞机边缘选取选区图

图 3-7   羽化操作图

4）对照片进行合成。使用"移动工具"将图像拖拽到背景层，按 Ctrl＋T 快捷键对其进行变形处理并调整大小，之后移动到合适的位置，如图 3-8 所示。

5）调整参数。选择"图像"→"调整"→"曲线"命令，把图片融合在一起，然后整体调整一下边缘，得到最后的效果。其参数设置如图 3-9 所示，最终效果如前面的图 3-4 所示。

图 3-8　两照片的合成

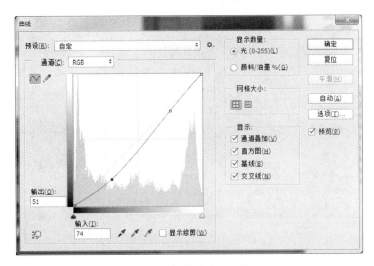

图 3-9　曲线融合设定图

本例的关键之处在于如何抠出飞机这张图，因为选取的部分与背景的色差明显，所以使用"磁性索套工具"来区分边缘的程度；使用"磁性套索工具"时，它会自动判断图像中的边缘，使得套索能自动贴近需要的地方，参数设置中的宽度是指绘制时离中心多远，它还能够自动地吸附到中心区域的距离。为加大出点数，在参数设置面板中设置频率数为100，以提高颜色之间识别的精确度。

3.2.2　使用 Photoshop 为照片更换背景

1. 实现功能

本例的目标为实现照片背景的更换。如图 3-10 所示，为"冬泳亭"图片更换背景，效果如图 3-11 所示。

a）冬泳亭   b）背景图

图 3-10　"冬泳亭"图片与背景图

图 3-11　更换背景效果图

2. 制作流程

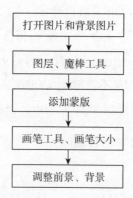

打开图片和背景图片

图层、魔棒工具

添加蒙版

画笔工具、画笔大小

调整前景、背景

3．具体操作

1）打开要换背景的图片，即"图片 1"和"图片 2"，如图 3-12 所示，使用"移动工具"将"图片 1"拖拽到"图片 2"中，如图 3-13 所示，按 Ctrl+T 快捷键调整"图片 2"大小，使其可以覆盖"图片 1"。

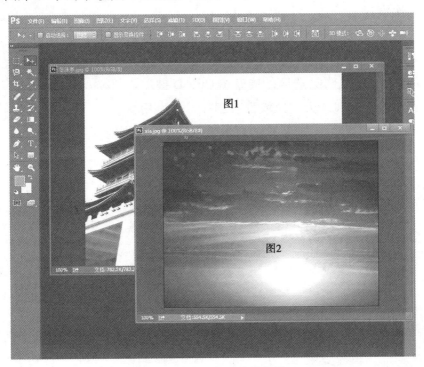

图 3-12　打开图片和背景图

图 3-13　把图片拖拽到背景图中

2）回到图层，显示"图片 1"，按 Ctrl+J 快捷键复制一层"背景拷贝"，把
"图层 1"放到"背景拷贝"的下面，如图 3-14 所示。
回到"背景拷贝"图层，选择"魔棒工具"，把容差
设置成 50，然后在塔顶附近天空处单击鼠标建立选
区（若一次没选完天空，可重新找点选择），点击"选
择"→"修改"→"扩展选区"命令，并设置数值为 2，
如图 3-15 所示。

3）按 Delete 键删除选区，接着按 Ctrl+D 键取消
选区（此时若还有残余天空区域没有删掉，可以用橡

图 3-14　置换图层

皮擦工具 <!-- eraser icon -->进行擦除），如图 3-16 所示，并给"图层 1 副本"添加一个蒙版，如
图 3-17 所示。

图 3-15　使用"魔棒工具"选择选区

图 3-16　删除选区

图 3-17　添加蒙版操作图

4）选择"画笔工具"，设置"画笔大小"，如图 3-18
所示。

5）设置前景色为黑色，背景色为白色，在屋檐的
边缘进行涂抹，如图 3-19 所示。整体调整一下，得到
的最后效果如图 3-11 所示。

通过学习本例，读者应掌握"图层"的概念及操
作，掌握"魔棒工具"的使用和添加蒙版操作，以及
前景色和背景色的调整。

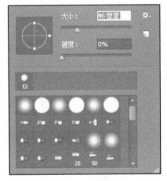

图 3-18　选取"画笔工具"和
"画笔大小"

图 3-19　设置前景色和背景色

3.2.3　Photoshop 的文字特效处理

1. 实现功能

本例要实现文字的特殊效果。在本例中，读者要学习"文字工具"的应用，"图层样式"的应用，以及文字效果的处理和制作。本例的文字效果如图 3-20 所示。

图 3-20　文字特效处理效果图

2. 制作流程

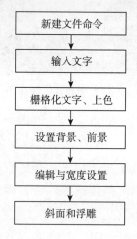

```
新建文件命令
    ↓
输入文字
    ↓
栅格化文字、上色
    ↓
设置背景、前景
    ↓
编辑与宽度设置
    ↓
斜面和浮雕
```

3. 具体操作

1）建立文件。选择"文件"→"新建"命令，打开"新建"对话框，设置宽度为 10 厘米，高度为 5 厘米，分辨率为 350 像素 / 英寸，单击"确定"按钮，如图 3-21 所示。

2）输入文字。选择工具箱中的"横排文字工具"，设置字体大小为 72，文本不限，输入文字并调整位置。如图 3-22 所示。

3）栅格化文字并上色。在"happy"字体图层上右击鼠标，在弹出的快捷菜单中选择"栅格化文字"命令，如图 3-23 所示。选择"窗口"→"颜色"→"色板"命令，为前景色选择不同的颜色，

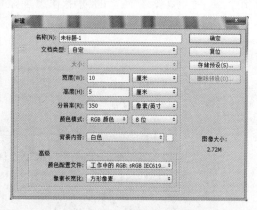

图 3-21　新建文件设置

图 3-22　输入文本

单击工具箱中的"油漆桶工具",对文字的每一个字母进行填充。如图 3-24 所示。

图 3-23　栅格化文字

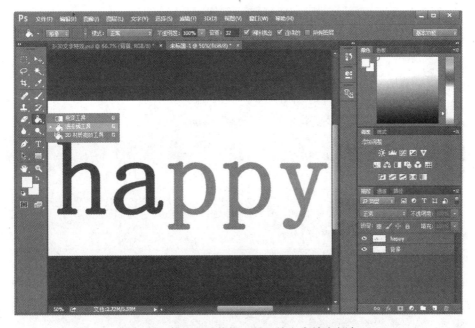

图 3-24　使用"油漆桶工具"给文字填充颜色

4)设置前景色并选择背景。选择背景层,设置前景色为橘黄色,按 Alt+
Delete 键进行填充,如图 3-25 所示。选择"文件"→"打开"命令,打开一幅背景素材，单击工具箱中的"移动工具"，将图片拖拽至背景文件中，生成"图层 1"
并置于字体图层下一层。选择"编辑"→"自由变换"命令，将图像适当缩小，
如图 3-26 所示。

图 3-25　填充前景色为橘黄色

图 3-26　为文字选择背景

5）在"图层 1"上方新建"图层 2"，按 Ctrl 键的同时单击文字图层的图层缩览图，载入选区。回到"图层 2"，选择"编辑"→"描边"命令，在弹出的对话框中设置"宽度"为 20 像素，"颜色"为白色，如图 3-27 所示。双击"图层 2"，在弹出的图层样式对话框中勾选"投影"复选框，设置参数后单击"确定"，如图 3-28 所示。

图 3-27　设置宽度和颜色

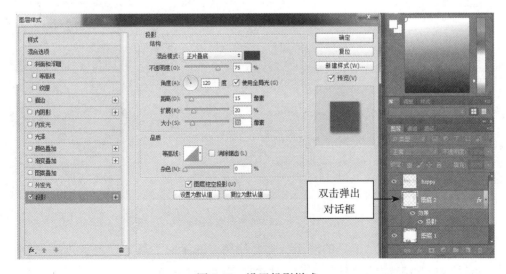

图 3-28　设置投影样式

6）双击文字图层，在弹出的"图层样式"对话框中勾选"内阴影"复选框，在面板中设置各项参数，如图 3-29 所示。

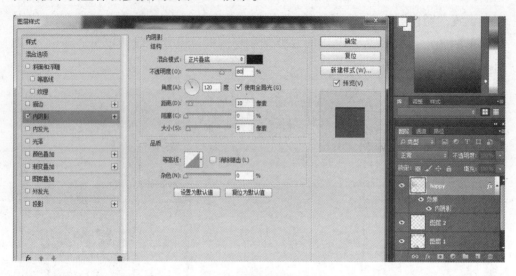

图 3-29　设置内阴影样式

7）双击文字图层，在弹出的"图层样式"对话框中勾选"斜面和浮雕"复选框，在面板中设置各项参数，如图 3-30 所示，单击"确定"得到最后效果如图 3-30 所示。

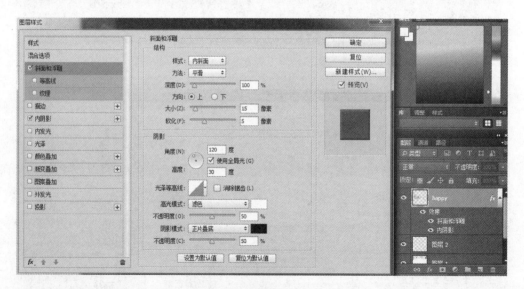

图 3-30　斜面和浮雕选项

本例要求掌握文字工具的使用，学会使用"油漆桶工具"对文字的每一个字母进行填充，以及使用"图层样式"对文字进行特效处理。

3.2.4 墙砖绘制

1. 实现功能

通过本案例学会设置墙砖效果，并以此学习滤镜的使用。本例的墙砖绘制效果如图 3-31 所示。

图 3-31　墙砖绘制效果图

2. 制作流程

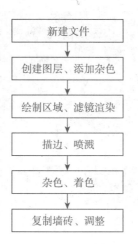

3. 实现过程

1）建立文件。新建一个高 500 像素、宽 450 像素、背景为白色的文件，如图 3-32 所示。

图 3-32　新建文件并设置相关数值

2）新建"图层 1"，按 Alt+Delete 快捷键填充背景色为灰色，如图 3-33 所示。

3）选择"滤镜"→"杂色"→"添加杂色"命令，如图 3-34 所示，打开"添加杂色"对话框，设置"数量"为 20，选中"高斯分布"单选按钮，单击"确定"按钮，如图 3-35 所示。

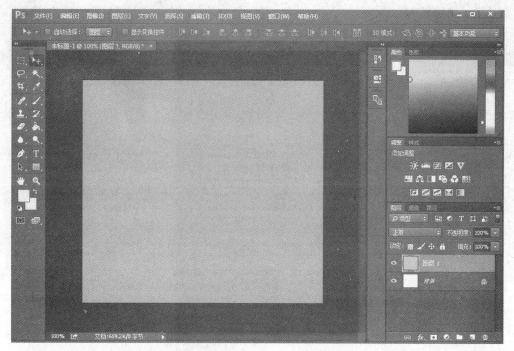

图 3-33　新建图层，填充为灰色

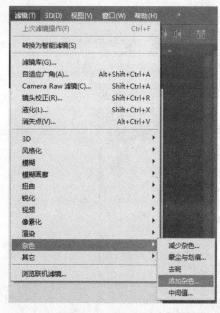

图 3-34　选择"滤镜"→"杂色"命令

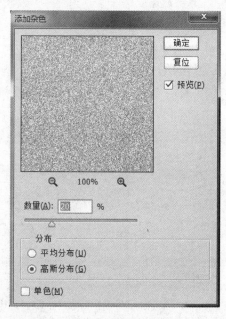

图 3-35　设置数值

4）单击"矩形选框工具"，在画布上绘制一个区域，如图 3-36 所示。

5）新建"图层 2"，设置前景色 R67、G68、B79，如图 3-37 所示；背景色为 R229、G229、B227，如图 3-38 所示；选择"滤镜"→"渲染"→"云彩"

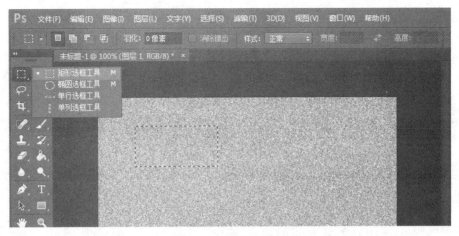

图 3-36　绘制矩形区域

命令，如图 3-39 所示，对选区应用渲染，如图 3-40 所示。

6）选择"编辑"→"描边"命令，如图 3-41 所示，设置 R196、G195、B193，如图 3-42 所示；按 Ctrl+D 快捷键取消选区，确定后得到描边效果，如图 3-43 所示。

图 3-37　设置前景色

图 3-38　设置背景色

图 3-39　添加渲染效果

图 3-40　应用渲染

图 3-41　描边　　　　　　　　　　图 3-42　设置颜色

图 3-43　描边效果

7）选择"滤镜"→"滤镜库"→"画笔描边"→"喷溅"命令，在弹出的对话框中设置"喷色半径"和"平滑度"数值为 4，如图 3-44 所示，单击"确定"按钮后出现效果，如图 3-45 所示。

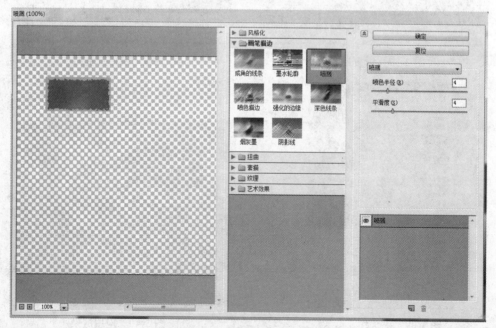

图 3-44　添加喷溅滤 / 镜

8）选择"滤镜"→"杂色"→"添加杂色"命令，在弹出对话框中设置"数量"为5，选中"高斯分布"单选按钮，单击"确定"按钮，为"图层2"添加杂色，如图3-46所示；使用"魔棒工具"单击方块内部并选中，如图3-47所示。

图 3-45   喷溅效果

图 3-46   添加杂色滤镜

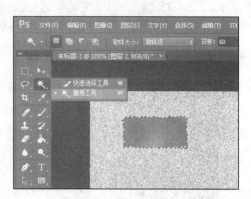

图 3-47   用魔棒选择方块内部

9）选择"图像"→"调整"→"色相/饱和度"命令，勾选"着色"命令，设置"色相（H）"为332、"色相（A）"为51、"色相（I）"为10，如图3-48所示。为方块上色，如图3-49所示。

图 3-48   设置色相和饱和度

图 3-49   为方块上色

10）复制"图层2"4次并调整位置，调整砖块位置后得到砖组合在一起的效果，如图3-50所示。

11）使用"矩形选框工具"选择选区，如图3-51所示，选择"编辑"→"定义图案"命令，命名为"砖块"，如图3-52所示，按Ctrl+D快捷键取消选区。

图 3-50　砖块组合

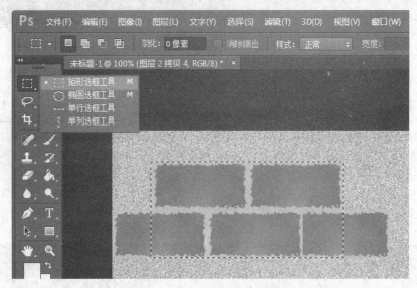

图 3-51　选择选区

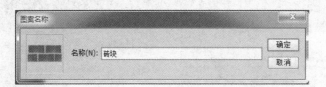

图 3-52　命名砖块

12）在图层面板中删除背景以外的所有图层，选择"编辑"→"填充"命令，在对话框中将"使用"设置为图案，将"自定图案"设置为"砖块"图案，如图 3-53 所示，单击"确定"按钮进行填充，如图 3-54 所示。

13）选择"滤镜"→"滤镜库"→"纹理"→"龟裂缝"命令，在弹出的对话框中设置"裂缝间距"为 24、"裂缝深度"为 1、"裂缝宽度"为 7，如图 3-55 所示；单击"确定"按钮得到最终效果，如图 3-56 所示。

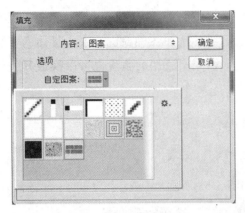

图 3-53　填充背景

图 3-54　填充效果

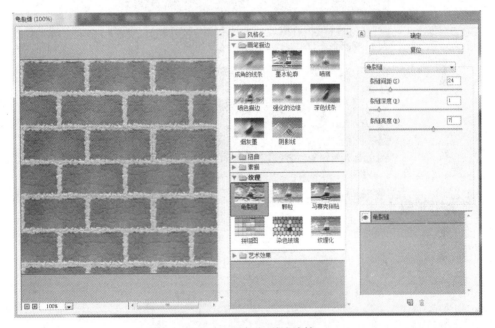

图 3-55　添加龟裂缝滤镜

图 3-56　墙砖最终效果图

本案例通过制作砖墙效果，使读者了解掌握滤镜的综合应用。本例中使用了较多的滤镜命令。可以在选取好相应选区后为其添加各种滤镜效果，具体的参数的数值不是固定的，可以根据出现的效果来输入，添加的滤镜也可以换成其他效果的滤镜，我们只需掌握制作流程即可。

3.2.5 Photoshop 综合设计案例：贺卡制作

1. 实现功能

通过本例学习贺卡制作。本例效果如图 3-57 所示。

图 3-57 新年快乐贺卡

2. 制作流程

3. 具体操作

1）新建一个高为 400 像素、宽为 600 像素的文件，如图 3-58 所示。

2）新建"图层 1"，设置前景色为淡红色，如图 3-59 所示；设置背景色为暗红色，如图 3-60 所示。选择"渐变工具"→"线性渐变"，双击渐变条上的颜色块进行调整，两端色标选用背景色，中间色标选用前景色，如图 3-61 所示。按住鼠标左键在图层上由上向下拖拽出渐变，如图 3-62 所示。

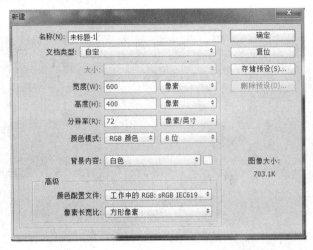

图 3-58　新建文件

图 3-59　设置前景色

图 3-60　设置背景色

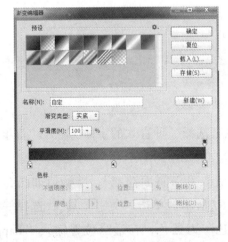

图 3-61　添加渐变色

图 3-62　最终背景效果

3）打开要选择的素材图片，选中移动工具，把选中的花拖拽到背景中，按 Ctrl+T 快捷键调整大小，放到合适位置，在图层模式上选择"正片叠底"，如

图 3-63 所示。选择"图像"→"调整"→"曲线"命令，设置参数如图 3-64 所示，单击"确定"按钮。

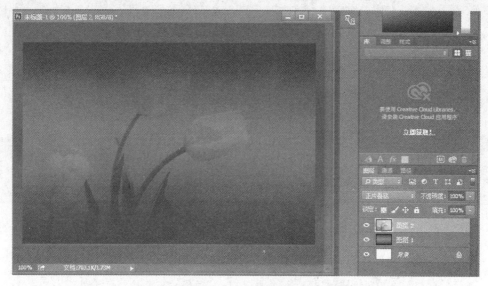

图 3-63　转化图层模式

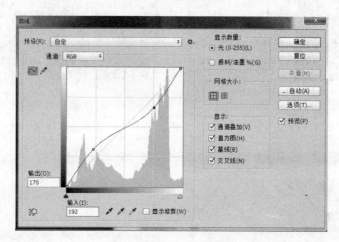

图 3-64　设置曲线参数

4）选中文字工具，设置前景色为黄色，选择一种喜欢的字体（输入"新年快乐"字样），"字体大小"设为 72，调整位置如图 3-65 所示。

双击文字图层，勾选"投影"、"外发光"和"斜面浮雕"，默认值如图 3-66 所示，单击"确定"按钮后的效果如图 3-67 所示。单击"文字工具"，选择一种字体，设置"字体大小"为 24、"字体颜色"为黑色，在适当位置输入"happy new year"字样。在"新年快乐"上右击鼠标，在弹出的快捷菜单中选择"拷贝图层样式"命令，回到刚才的图层中选择"粘贴图层样式"命令，得到如图 3-68 所示的效果。

图 3-65　输入文字

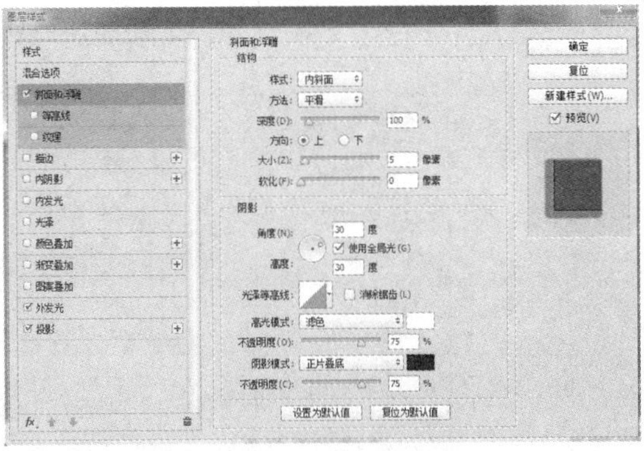

图 3-66　设置斜面和浮雕

图 3-67　斜面浮雕效果

图 3-68　加黑色字体效果

5）打开一个猴头的图片，单击图层中的"锁头"解除对图层的锁定，选择
"魔棒工具"删去白色背景，效果如图 3-69 所示。选择"移动工具"把选区里的
图片拖拽到卡片窗口里，并使"图层 3"置于最顶层，按 Ctrl+T 快捷键调整大小，
如图 3-70 所示。

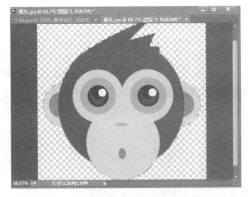

图 3-69　去除背景

图 3-70　调整大小

6）双击"图层 3"，弹出"图层样式"对话框，按图 3-71 所示设置参数，单
击"确定"按钮，效果如图 3-72 所示。

选择"图像"→"调整"→"曲线"命令，打开"曲线"对话框，"输出"设
置为 164，"输入"设置为 105，如图 3-73 所示，单击"确定"按钮。在最上边
的一个图层上单击右键，选择合并可见图层。选择"滤镜"→"滤镜库"→"纹

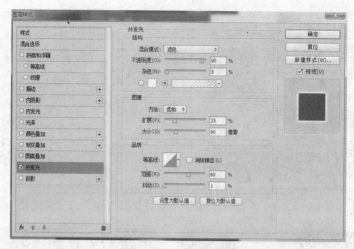

图 3-71　应用样式

图 3-72　应用样式效果

理"→"纹理化"命令,弹出"纹理"对话框,参数如图 3-74 所示。单击"确定"按钮得到最后的效果,如图 3-75 所示。

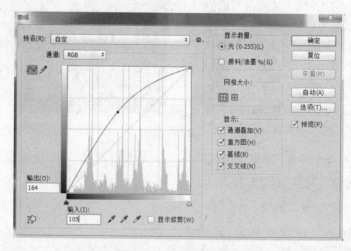

图 3-73　设置曲线参数

图 3-74　添加纹理滤镜

图 3-75　卡片制作最终效果

读者在本例中还可以把猴改成牛等其他动物的图片，并可以尝试更换颜色和滤镜以达到自己需要的效果。

Photoshop 提供的图层、样式效果非常丰富，在这里设置几个参数就可以轻松实现所需效果，因此成为大家制作图片效果的重要工具之一，贺卡制作实例也体现了这一点。当然，图层、样式的种类和设置很多，读者只需了解大致制作流程就可以了。一张贺卡要想好看，最重要的还是色彩的搭配，每种滤镜的效果各有特点，适用的地方也不同，我们不能认为效果越多越好，能够体现出主题就可以了。比如新年贺卡，背景选择红色，字样选择黄色，就能很好地烘托出新年的喜庆，其间添加的滤镜更好地点缀了新年贺卡的主题。

本章小结

　　本章给出了几个非常实用的案例，所用到的知识涉及 Photoshop 的重点内容。通过这些实例，读者可快速入门，掌握 Photoshop 的重点内容和主要工具的功能，进而掌握 Photoshop 的重点功能和应用，以及处理日常图片的方法。Photoshop 也能和其他软件结合使用，制作出好的多媒体作品。

本章练习

1. 使用"橡皮图章工具"和"校色"对照片进行修复和修改。
2. 练习图层、通道、滤镜和颜色模式转换等知识，给普通照片添加相框和艺术字。
3. 练习渐变、图层模式、选区及滤镜的使用方法和技巧，使用 Photoshop 制作一个可乐罐。

第4章 数字视频编辑软件——Premiere Pro CC 2015

本章导读

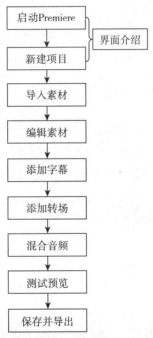

视频是由一系列画面组织而成的活动图像，数字视频基于数字技术记录视频信息。相对于模拟视频，可以直接对数字视频进行非线性编辑，无需数模转换等采集工作。家庭常用的数字摄像机、智能手机、单反相机等设备拍摄的视频都属于数字视频。现在有许多软件可以对数字视频进行处理，其中，Premiere 是一款专业的桌面数字视频编辑软件，提供了采集、剪辑、调色、美化音频、字幕添加、输出、DVD 刻录的一整套功能。目前，Premiere 的最新版本是 Pro CC 2015，本书的案例将基于此版本讲解。

本章主要通过一个案例来简介 Premiere 的视频创作过程，重点介绍素材的导入和编辑、字幕和转场特效的添加等知识。读者在案例的学习和训练过程中，要注意具体操作步骤和操作顺序。

4.1　视频素材的来源和整理

4.1.1　视频素材的来源

制作视频首先要准备好素材，Premiere 的素材来源很多，包括：

- 使用已有的数字视频文件，如 DVD 电影光盘。
- 从网络上下载数字视频文件。
- 通过视频采集设备将模拟视频信号转为数字视频信号。
- 用数字设备录制，如用数码相机、DV、智能手机等录制。

4.1.2　视频素材的整理

首先要明确制作视频的目的，确定观众是谁。如果是制作微课教学视频放在网络课程中供学生学习使用，其目标就是教学，观众就是学生。素材（内容）的选择应符合教学要求，符合学生上网观看的习惯，采用适合网络传输的格式。其次要弄清楚影片的主题，即要围绕什么主题来选择和整理素材。在一定的主题下就有一定的剧本要求，剧本服从于主题。所以，剧本如何按场景来编排，每一场景画面有哪些故事、在哪取景、演员台词、背景音都要考虑，并将这些内容记录在场景剧本中，这样在实际录制或后期整理的时候才能有的放矢。最后要按门类整理好素材内容，可以按图片、声音、视频分别进行归类，或是按每一个场景进行归类，以便在后期制作上能快速定位素材文件。

4.2　Premiere 界面简介

4.2.1　欢迎界面

1）打开 Premiere 后，其界面是"欢迎界面"，在这里可以"新建项目"或者"打开项目"（项目是一个包含了序列和素材的工程文件，存储了序列以及素材的相关信息以及编辑过程的操作数据），还有相关的知识链接用于从网上了解该软件，如图 4-1 所示。

图 4-1　欢迎界面

2）单击"新建项目"按钮，这里可以设置项目的一般属性，按默认设置即可，如图 4-2 所示。

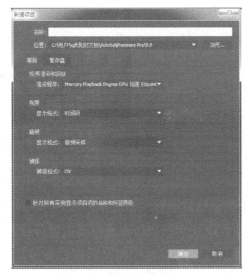

图 4-2　"新建项目"界面

4.2.2　工作编辑界面

新建项目后，进入 Premiere 的工作界面，工作界面由项目窗口、监视器窗口（源监视器窗口和节目监视器窗口）、时间线窗口、多个控制面板（媒体浏览器、信息面板、历史记录面板、效果面板、特效控制台面板、音频仪表面板、工具箱和菜单栏）组成。如图 4-3 所示。

图 4-3　默认编辑区界面

工作界面各部分的功能如下：

1）项目窗口：主要用于导入、存放和管理素材。编辑影片所导入的任何可支持的图片、视频、动画等素材都会在项目窗口内显示。项目窗口的素材可用列表和图标两种视图方式显示。

2）时间线窗口：用户编辑工作的实施区域，最上方为时间显示区，下方又分为两个部分，上部是视频轨道区，下部是音频轨道区，如图 4-4 所示。所谓轨道，就是放置素材的地方，Premiere 会自动把素材的视频和音频分开放置。

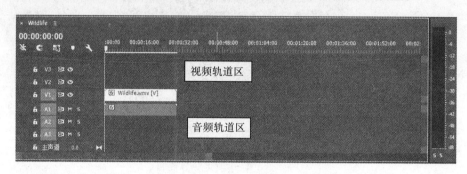

图 4-4   时间线窗口

3）源监视器窗口：主要用于对放置在项目窗口中的原始素材进行预览。

4）节目监视器窗口：主要用于对时间线窗口中正在编辑的素材进行预览。

5）工具箱：工具箱是进行视频与音频编辑工作的重要工具，在时间线内对视频进行的操作都要从工具箱选取相关工具。鼠标移动到工具箱图标上方时可以显示工具的名称，详细的用法本书后面会谈到。

6）其他的面板在后面用到时会加以介绍，这里不再赘述。面板窗口的显示位置以及大小可以根据自己的喜好进行拖拉设置，如果工作界面在操作的过程变乱，可以单击"窗口"→"工作区"→"重置"进行复原。

4.3   视频后期制作的基本步骤

4.3.1   素材文件的导入

1）可以通过双击"项目窗口"留空区域进行导入，或者在媒体浏览器中右击相应文件夹进行导入，也可以通过"文件"→"导入"，如图 4-5 所示。

2）在弹出的对话框中浏览并选择放置在硬盘上的可导入影片文件，也可导入整个文件夹，如图 4-6 所示。需要注意的是，Premiere 不能导入所有格式

图 4-5   导入素材文件

的影片视频，它所支持的格式可通过"导入"窗口右下角下拉列表框进行识别。

图 4-6   选择素材文件

提示   若是不支持的媒体，需先用"格式工厂"等软件将其转换为可支持的文件
格式，如 AVI 格式，同时要注意转换的码率，即转换后影片不能失真。

4.3.2   素材文件的删减

本例以导入素材文件"外热式发动机 .MP4"（可在本书资源包中查找）为例进
行说明，在成功导入素材文件后，在项目窗口中会出现所导入文件，并用鼠标把
它拖拽至"时间线窗口"，如图 4-7 所示。

图 4-7   导入素材文件

在"节目监视器窗口"可对编辑过程中的影片进行效果预览，鼠标移动到相
应按钮上时会有相应的功能提示，如图 4-8 所示。

剪辑该影片中间一段内容的具体操作步骤如下：

1）单击"节目监视器窗口"中的"播放"按钮 ▶ 开始播放文件，可以看到前
24 秒画面抖动，考虑删去这部分内容，方法是：把播放头先定位到 24 秒处，或者
直接在"播放指示器"位置输入"00；00；24；00"，如图 4-9 所示。

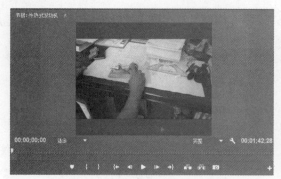

图 4-8 节目监视器窗口   图 4-9 定位素材

提示 图中的"V1"指视频 1 轨道,"A1"指音频 1 轨道。可以看到,其他轨道是空的,意味着可以继续导入视频素材到这些轨道上,而整个轨道集合称为一个序列(如图 4-7 所示,左下第二个视频缩略图即是"序列",在拖放至时间线时,Premiere 会自动根据素材属性进行序列参数的匹配。这里,原始素材图像大小是 720*576 像素,帧频是 19 帧/s,序列会自动设置成同样的数值)。

2)单击工具箱中的"剃刀工具" ◈,如图 4-10 所示,移动到播放头时间线,单击进行视频切割,视频就被分为 2 段,如图 4-11 所示。

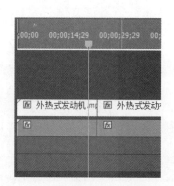

图 4-10 工具箱   图 4-11 用"剃刀"工具切割视频

3)选择工具箱中的"移动工具" ▶,选定 0~24 秒这段切割出来的视频,右击鼠标,在弹出的快捷菜单中选择"清除",或者按键盘"Delete"键进行删除,如图 4-12 所示。接着继续用"移动工具" ▶把第二段 24 秒后的视频拖放至 0 秒处(若是直接选择"波纹删除"可省略该步)。

4)若是画面中存在需要删去的其他多余废镜头或段落,可重复使用剃刀和移动工具进行定位、切割和删除。

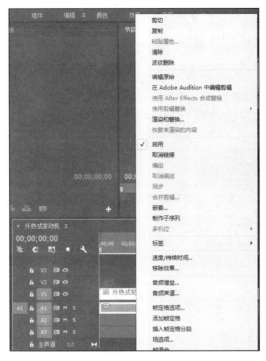

图 4-12   清除视频区间

4.3.3   添加倒计时片头

添加倒计时片头的具体操作步骤如下：

1）在"项目窗口"空白处右击鼠标，在弹出的快捷菜单中选择"新建项目"→"通用倒计时片头…"，如图 4-13 所示。在弹出的对话框中，按默认设置即可，如图 4-14 所示。

图 4-13   新建倒计时片头

图 4-14   倒计时片头参数设置

2）在接着弹出的"通用倒计时设置"窗口中，可对倒计时方式进行个性化设置，例如选择自己喜欢的颜色、提示音等，如图 4-15 所示。

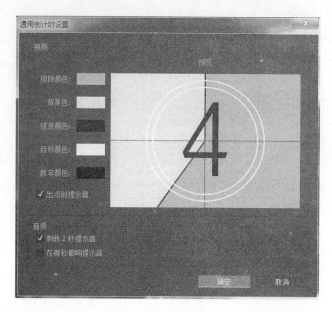

图 4-15　新建字幕

3）生成倒计时片头后，在"项目窗口"中会出现相应缩略图，使用鼠标拖拽至时间线窗口 0 秒处，形成两段连接在一起的视频，如图 4-16 所示。

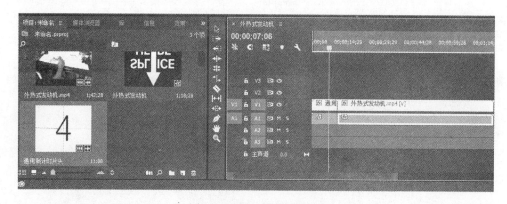

图 4-16　插入倒计时片头

4.3.4　添加字幕

为影片添加字幕的具体操作步骤如下：

1）选择"字幕"→"新建字幕"→"默认静态字幕"命令，如图 4-17 所示。

2）为新建字幕添加名称后，弹出"新建字幕"设置窗口，按默认设置即可，如图 4-18 所示。

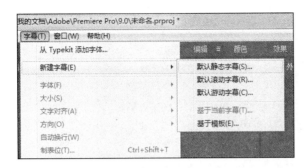
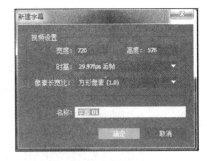

图 4-17　新建字幕　　　　　　　　图 4-18　新建字幕设置

3）在接下来弹出的字幕编辑区域，选择"字体系列"为黑体等中文字体，如图 4-19 所示，单击工具箱 T 按钮，输入"外热式发动机演示"，并设置相应样式，通过移动工具把文字移动到中间位置，如图 4-20 所示。最后单击关闭按钮。

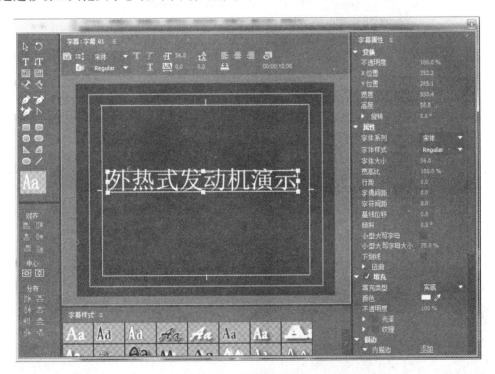

图 4-19　字幕编辑窗口

提示　若是采用默认设置则为英文字体，会出现有些汉字无法显示的现象；在套用字体样式的时候也要注意改回中文的样式才能显示完全。

4）选择"项目窗口"中刚建好的字幕缩略图，右击鼠标，在弹出的快捷菜单中选择"插入"，这样，字幕就插入到时间线 0 秒处。接着通过移动工具对时间线内的 3 段视频进行移动操作，将字幕放到倒计时片头后面，如图 4-21 所示。

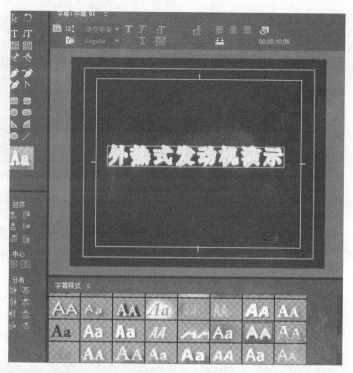

图 4-20　添加字体样式

5）除了片头字幕，还可用同样的方法添加旁白字幕，如图 4-22 所示，方法同上，其中的区别是在插入的时候，插入的轨道要放在"V2"以上轨道，即"V1"轨道上方，如图 4-23 所示。该段字幕位置可通过移动工具进行调整，其时长可通过单击边缘左右拖拽进行增减，如图 4-24 所示。

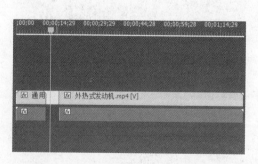

图 4-21　插入字幕到时间线相应位置

图 4-22　添加旁白字幕

当需要对已制作好的字幕进行修改时，只需双击该字幕素材重新打开字幕设计窗口，在其中对字幕进行修改即可。修改后，点击关闭字幕设计窗口，Premiere 会自动将修改后的字幕保存。

图4-23　旁白字幕放置轨道

图4-24　调整字幕位置和时长

4.3.5　添加转场特效

有时候，从字幕跳到影片开始显得有些生硬，可以给它添加一个转场特效。添加转场特效的具体操作步骤如下：

1）单击"项目窗口"上方的"效果"选项卡，里面内置了许多预定的转场效果可供选择。单击其中的"视频过渡"，在"擦除"文件夹下，选择"带状擦除"效果，如图4-25所示。

2）单击拖拽到时间线上的片段间接合部分，会出现色彩阴影，这时松开鼠标，转

图4-25　添加转场特效

场效果就附加到片段之间了，如图4-26所示。转场的效果可通过上方面板进行调整。

可以在预览窗口测试观看转场效果，当然，如果不合适，还可以换成其他效果。转场也可以放到主影片前端，读者可根据自己的需求加以选择。

4.3.6　音频处理

音频处理的具体操作步骤如下：

1）分别右击"倒计时"和"外热式发动机"两段视频，在弹出的快捷菜单中均选择"取消链接"，以解除视频和音频的相互绑定状态。

2）定位音频"V1"轨道，同时选择"倒计时"和"外热式发动机"两段音频，右击鼠标，在弹出的快捷菜单中选择"音频增益"，按需要改变相应参数，如图4-27所示，可以统一调整音量，或者将多个声音统一音量大小，避免出现忽大忽小的现象。

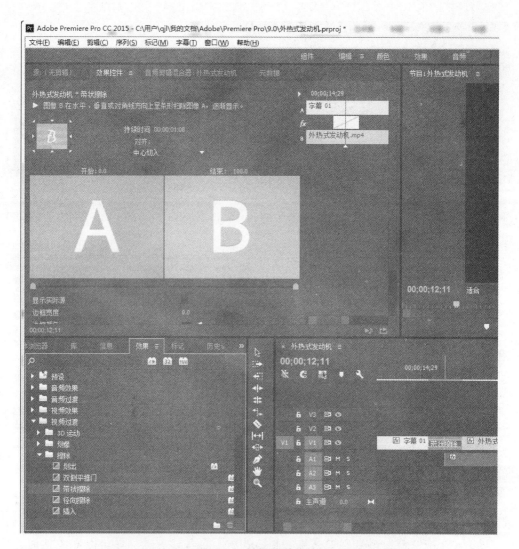

图4-26 转场特效放置

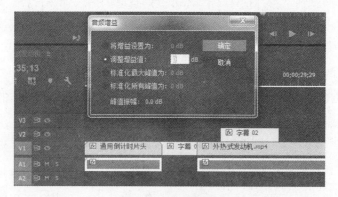

图4-27 音频处理

3）单击"项目窗口"上方的"效果"选项卡，其中内置有许多预定的音频效

果可供选择。单击其中的"消除嘶嘶声"、"消除齿音",如图 4-28 所示。将其应
用到"外热式发动机"这段音频,可以
消除现场录制出现的机器杂音。

4)音频同视频一样,可以用剃刀
工具进行裁剪、用移动工具进行位置
调整。

5)读者还可导入 MP3 到"V2"
以上音频轨道,以作为背景音乐。

4.3.7 整合输出

整合输出操作步骤如下:

图 4-28 音频效果选项

1)选择"文件"→"导出"→"媒
体"命令,在弹出的对话框中勾选"与序列设置匹配"按钮、"使用最高渲染质
量",单击"输出名称",可为视频改名或设置输出保存位置。如需高清模式,可
以在右下方勾选"使用最高渲染质量",如图 4-29 所示。

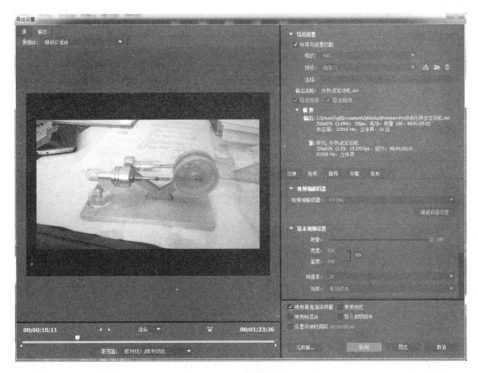

图 4-29 保存导出

2)单击"导出",就可以等待计算机处理了,如图 4-30 所示。

导出要考虑其播放的方式，比如是要编制成 AVI 影片放到硬盘播放，还是刻
录到 DVD 中放到光盘中播放，或者将它转化成模
拟信号放到录像机上播放？另外，播放窗口的屏
幕比例也是要考虑的，在大尺寸宽屏液晶屏幕流
行的今天，也要考虑播放窗口的屏幕比例，以确
保画面在其上不会变形。

图 4-30　编码导出

4.3.8　项目整理

为了便于项目日后的修改和迁移，避免文件丢失，可以对项目所含的工程
文件、零散放置的素材文件进行统一收集整理，并放在同一个文件夹中。在
Premiere 中，单击"文件"→"项目管理"，可以打开项目管理器完成项目管理的
工作，如图 4-31 所示。

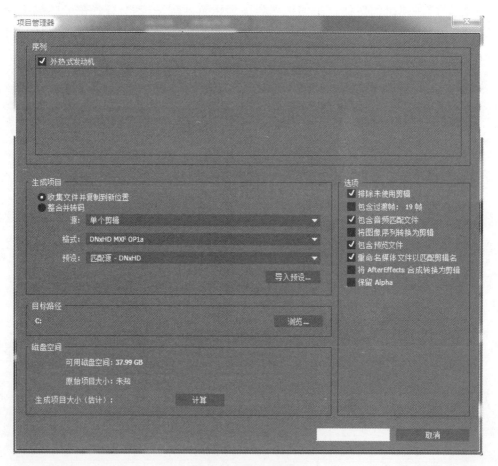

图 4-31　项目管理器

本章小结

　　本章主要介绍了应用 Premiere 进行后期制作的流程和注意事项。影视作品在创作过程中，一般是先确定好其主题，根据主题寻找并制作影视素材，接着按剧情安排各分场景，每一分场景导入不同的影片，配以声音和字幕等，然后考虑在分场景之间是否加入转场效果，最后整合输出，预览并修改，直至符合要求为止。

本章练习

1. 导入素材文件"日偏食"，并根据本章知识制作出类似的片头和转场效果。
2. 导入自己用手机拍摄的视频，用工具进行裁剪、消音以及添加背景音乐。

第5章 二维动画软件——Flash Pro CS6

本章导读

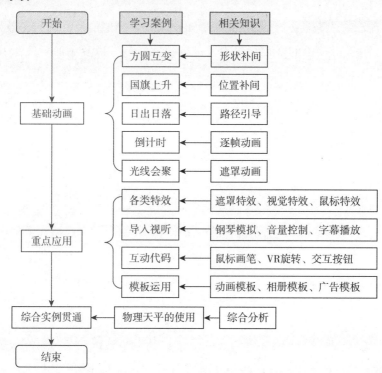

Flash 是一款矢量动画制作软件，它不仅应用于网络动画设计，而且向着高集成度的多媒体开发环境发展，在教学课件、在线视频、音乐MV、车载动画、手机游戏、商业门户、面向对象编程等方面得到广泛的应用。同其他动画技术相比，Flash 具有交互性强、数据文件量小、基于流媒体的播放形式等特点，适用于界面动画图形设计和交互程序设计。Flash 入门简单、网络资源丰富、编程脚本语言 ActionScript 的学习和应用都非常方便。

读者在学习 Flash 的过程中，首先要多观察和多动手，任何软件的学习都是这样，书籍上描述的间接经验只是带领使用者熟悉这个软件环境，并大概知道该软件能干什么事情，读者还必须通过亲自动手操作才能将间接经验转化为自己掌握的技能；其次，要善于获取帮助，比如使用 Flash 内置的帮助系统或网络搜索，找到相关提示，然后在理解别人做法的基础上，学会通过增减相关部分模块创建自己所需的功能或效果。

5.1　Flash 动画基础

　　读者看到的动画一般都能分解成几种简单类型的动画，本节先研究几种基本的动画技术。图 5-1 所示为 Flash Pro CS6（文后简称"Flash CS6"或"Flash"）的启动界面。

图 5-1　Flash Professional CS6 的启动界面

5.1.1　形状补间动画

　　形状补间动画是根据两个关键帧上的对象形状变化来实现一个形状图形到另一个形状图形的变化效果，包括伸缩、旋转、变色、变形等。需要注意的是，两个图形都必须是经过分离后打散而成的"颗粒状"图形，即被分离过的对象。

1. 实现功能

本实例实现方形、圆形、星形顺序变化，实例效果如图 5-2 所示。

图 5-2   方形、圆形、星形顺序形状补间动画效果

2. 制作流程

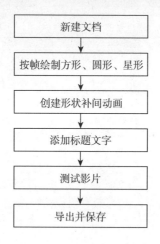

新建文档

↓

按帧绘制方形、圆形、星形

↓

创建形状补间动画

↓

添加标题文字

↓

测试影片

↓

导出并保存

提示   新建文档及测试、导出和保存选项为例行流程，这些将不再列入流程。

---

3. 具体操作

1）新建文档。打开 Flash CS6，选择"文件"→"新建"命令，在弹出对话框的"常规"面板下选择"ActionScript2.0"，如图 5-3 所示。单击"确定"按钮，创建一个 Flash 文档。

提示   ActionScript3.0 和 ActionScript2.0 只是编程语言的版本，自 Flash CS3 后，
FlashPlayer 播放器内置的具有缓存功能的堆处理器包含新旧两个，能
分别编译这两个版本的脚本语言。在本教程中，因交互性代码使用
ActionScript2.0，故建议使用 ActionScript2.0 版本。

2）绘制矩形。选择"矩形工具" ⬜，在"图层 1"拖拽出一个带填充色的矩
形，如图 5-4a 所示。

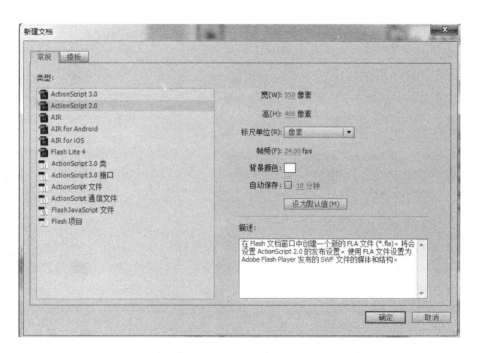

图 5-3　创建新 Flash 文档

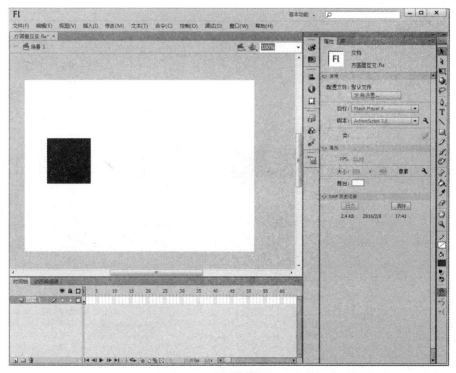

a) 绘制方形

图 5-4　绘制方形、圆形、星形

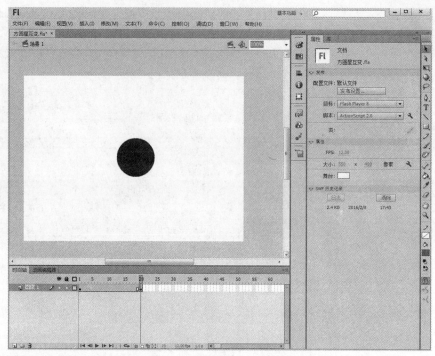

b) 绘制圆形

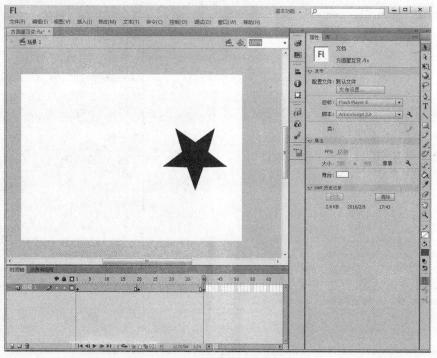

c) 绘制星形

图 5-4 （续）

3）绘制圆形。在"图层1"第20帧处按F7快捷键，插入空白关键帧，然后选择"椭圆工具"，使用任意颜色绘制一个正圆，如图5-4b所示。

提示　在"矩形工具"处单击鼠标会弹出一个菜单，可从中选择"椭圆工具"和"多角星形工具"（见图5-5）；画圆时若按住Shift键，可绘制出正圆，若是其他多边形则可绘制出正多边形。

4）绘制星形。在"图层1"第40帧处按下F7快捷键，插入空白关键帧，选择"多角星形工具"，然后在属性面板下的"工具设置"处单击"选项"，样式选多边形，如图5-6所示，在舞台上拖拽出一个五角星形，如图5-4c所示。

图5-5　选择"椭圆"工具　　　　图5-6　选择"星形"工具

5）创建形状补间动画。分别在第1帧到第20帧、第20到第40帧之间的任意一帧上，右击鼠标，在弹出的快捷菜单中选择"创建补间形状"命令，或者单击选择两帧之间的任意一帧后，在属性面板上的"补间"处选择"形状"。如图5-7和图5-8所示。

提示　若出现带淡绿色背景的向右箭头，表示补间成功。若是出现虚线则表示不成功，首先要检查的是关键帧上的图形是否是分离的。

6）添加标题文字。选择"图层1"，右击鼠标，在弹出的快捷菜单中，选择"插入图层"命令，或单击"插入图层"按钮。然后在新建的"图层2"上选择第1帧，接着选择"文本工具"，在舞台上拖拽出一个文本框并在其中输入相应文字。

提示　因为不对文字创建动画效果，不能再在"图层1"的关键帧上继续添加输入，否则会破坏原有"图层1"上的动画；在属性面板上可修改文字的样式。

7）按下Ctrl+S快捷键保存文件。源文件以.fla作为后缀；若有导出或测试影片的步骤，就会生成另一个以.swf为后缀的文件，这就是常见的Flash播放文件。

第一个 Flash 就这样产生了。当然读者自己可以做更多的扩展，例如把图形换成被打散的文字；或者把第 1 帧改为一个黄色的月亮，第 20 帧改为一个太阳，实现月亮到太阳变化；或是延长时间轴上的帧数使动画变长些。这里涉及了 Flash 的许多基本概念，读者现在若是看不懂也没关系，继续往下学就会慢慢有所领会。

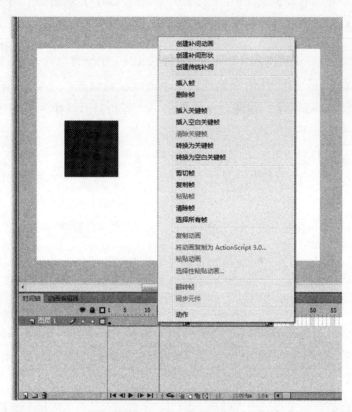

图 5-7　创建补间形状

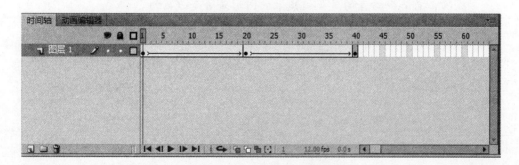

图 5-8　第 5 步后的时间轴面板

另外，上面常提到"分离"这个词，是什么意思呢？又该如何做呢？当用鼠标移到舞台的某个图形上并单击时，图形会显示成颗粒状，这时表示图形已分离，可以修改它的颜色、增减轮廓线，实施封套和扭曲等针对分离图形的变换；而当鼠标单击某一形状时，若是出现一条蓝色边框，则说明该形状已组合，不能实现针对分离图形的操作，如形状补间动画。至于两者的其他区别，在后面的内容中会有所介绍。

分离的方法是：先选定对象，再按 Ctrl+B 快捷键分离它，直到不能分离为止。

5.1.2 创建补间动画

创建补间动画是 Flash 常用的动画实现技术，正是有了"补间"这种能自动生成两个关键动作之间的过程画面的技术，才使制作者不必花费时间绘制每一帧上的画面，而是关注于关键帧动作的绘制。关键帧上的画面绘制相当于预设的数字化图像参数。这样，Flash 就是仅包含一些数字的文档而已，所以生成的播放文件很小巧，这也是其在网络上大行其道的主要原因之一。

创建补间动画常用的变化有位置改变、大小缩放、方向选择、透明度改变等，这些变化构成了常见的动画效果。

1. 实现功能

本例要绘制一面五星红旗并使其冉冉上升，实例效果如图 5-9 所示。

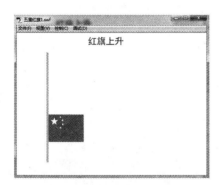 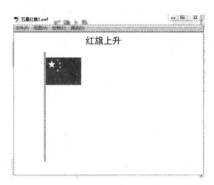

图 5-9 五星红旗上升动画

2. 制作流程

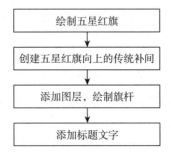

3. 具体操作

1）绘制五星红旗。（读者也可导入一张图片来代替，若是这样可直接跳到下一步）。

用"矩形工具"绘制一个红色矩形，笔触颜色设置为无，如图 5-10 所示。

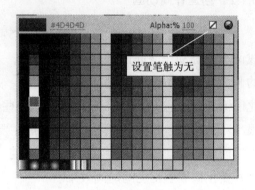

图 5-10　取消笔触颜色

用"选择工具"选择该矩形，然后在属性面板内输入宽为 400，高为 300 的数值（之前要取消掉左边小锁的锁定），或是选择"任意变形工具"对其调整大小，如图 5-11 所示。

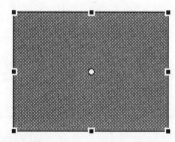

图 5-11　调整五星红旗宽和高

提示　"属性面板"可通过按 Ctrl+F3 快捷键弹出，用"任意变形工具"调整对象大小时，同时按住 Shift 键，将按比例缩放。

按 Ctrl+G 快捷键或选择"修改"→"组合"命令将其组合。

选择"多角星形工具"，在舞台上绘制一个用黄色填充的五角星，选择"修改"→"变形"→"缩放和旋转"命令或按 Ctrl+Alt+S 快捷键将其调整到合适的角度和大小，如图 5-12 所示。

　　先将调整好的五角星组合，再用鼠标复制出 4 个五角星，并调整好角度、大小和位置。

　　选择"选择工具"，拖拽框选中整个绘制图形，移动鼠标指针到有形状的上方，右击鼠标，在弹出的快捷菜单中选择"转化为元件"命令，或直接按 F8 快捷键，将选择的五星红旗绘制对象转化为"图形元件"，并命名为"五星红旗"，如图 5-13 所示。

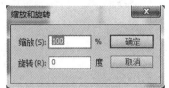

图 5-12 "缩放和旋转"对话框

图 5-13　转化国旗为图形元件

提示　前面说过，二维画面由不同层次组成，各层上的独立物体都有自己的内在状态方式，或运动或静止。这里，将某一形状转化为元件正是给它赋予了能独立运动的时间轴，即在主时间轴上，剪辑元件同时有自己的状态方式。而且，元件如同模板，能不断在同一影片构造出来。另外，若是两个分离的图形叠加，会有颜色的覆盖现象，组合或转化为元件后就不会出现了。

　　2）创建国旗补间动画。在"图层 1"第 60 帧右击鼠标，在弹出的快捷菜单中选择"插入帧"或按 F5 快捷键，继续在"图层 1"第 60 帧右击鼠标，在弹出的快捷菜单中选择"创建补间动画"命令，如图 5-14a 所示。之后在"图层 1"第 60 帧右击鼠标，在弹出的快捷菜单中选择"插入关键帧"→"位置"命令，如图 5-14b 所示。接着选择"移动工具" ，把第 60 帧上的五星红旗实例移动到上方，如图 5-14c 所示。

提示　用"选择工具" 移动对象时，按住 Shift 键能保证不偏离原直线方位。创建补间动画成功创建后，是一条淡蓝色的区间。

　　3）添加图层绘制旗杆。新建"图层 2"，在"图层 2"第 1 帧处可用"直线工具"绘制出线条大小为 3 号、颜色为灰色的竖直线条，并贴近到适合国旗运动的横轴上。在默认状态下，第 1 帧会延长到和"图层 1"同样长的帧上，若不是，可按 F5 快捷键插入帧，如图 5-15 所示。

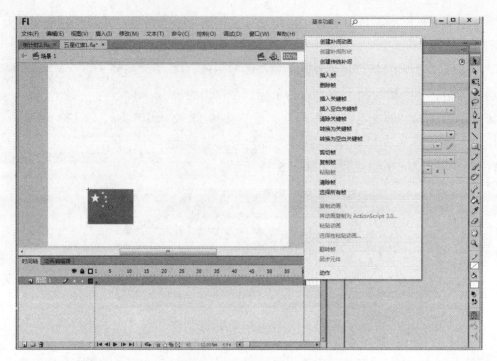

a) 选择 "创建补间动画" 命令

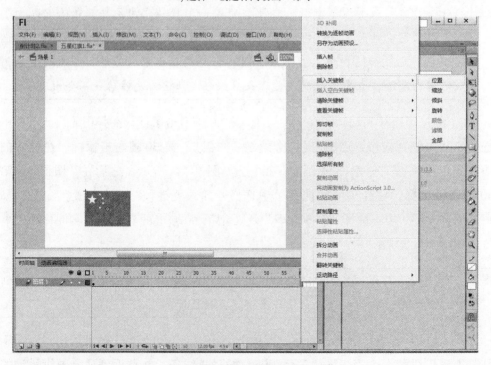

b) 选择 "插入关键帧" 命令

图 5-14　创建国旗补间动画

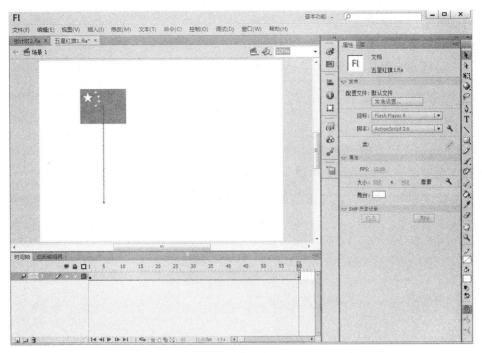

c) 移动国旗

图 5-14 （续）

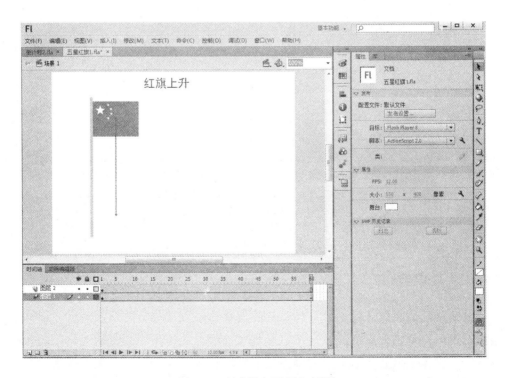

图 5-15　绘制旗杆及添加标题

提示　新建的多个图层可相互单击切换，位于上方的图层图形会遮盖到下方图层的图形；单击任一图层的锁头 🔒 对应下的小圆点，可锁定该图层，使得在编辑另外图层时不会单击到该图层的形状。

4）添加标题。因为是静止的，可放到"图层 2"的第 1 帧上。单击"图层 2"的第 1 帧，选择"文本工具" T，然后在舞台上输入标题，如图 5-15 所示。

5）添加代码。按 Ctrl+Enter 快捷键测试时会看到国旗会循环上升。如何使之上升一次就停止呢？选择"图层 2"的第 60 帧，按 F6 快捷键插入"关键帧"，接着在该帧按 F9 快捷键，在弹出的动作窗口中输入"stop()"（不包括引号，在英文输入状态下），如图 5-16 所示。对于如何导入声音，后面的内容中将会进行介绍。

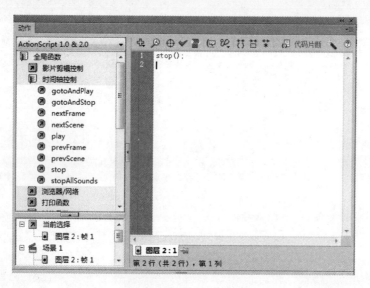

图 5-16　添加停止代码

提示　在添加有代码的帧上，会出现一个"a"字样的标签，表示该帧上有脚本。像五星红旗冉冉上升一样，动画的一般设计思路是"绘制素材→分层布局→实现补间"，其间可以加入控制播放的代码，实现暂停、跳转等基本交互功能；还可导入其他背景照片和歌曲等。

5.1.3　引导路径动画

引导路径动画是这样一种动画：它能使某一对象按预定的路线运动，而这个路线不仅可以是直上直下的，还可以是任意曲线，甚至是用"铅笔工具"随意画的线。本节将学习如何给上一节制作的五星红旗例子加上一个太阳东升西落的引导动画。

1. 实现功能

制作一个国旗随太阳上升的动画，国旗上升的实现方法在前文中已给出，本节重点介绍太阳曲线轨迹的制作。曲线轨迹就是随着时间的推移，太阳从一端移动到另一端的弯曲轨迹。实例效果如图 5-17 所示。

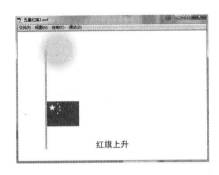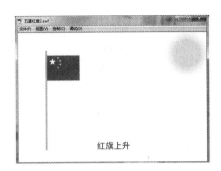

图 5-17   日出日落动画

2. 制作流程

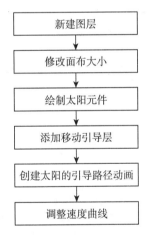

3. 具体操作

1）新建图层。打开上一节制作的文档，在原有图层的基础上单击"插入图层"按钮 ，双击图层名称处，把图层名称修改为"太阳"。

提示   修改图层名称不是必须的，只是方便识别。

2）修改画布大小。可以看到，在默认的文档大小下，增加这个引导动画显得有些拥挤，需要修改下文档舞台的大小。在空白处右击鼠标，在弹出的快捷菜单中选择"文档属性"命令，在"尺寸"栏输入数值，如图 5-18 所示。

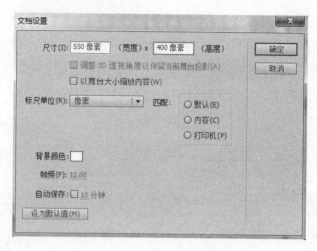

图 5-18　修改画布大小

提示　画布大小即播放文件的宽和高，在"文档属性"对话框内还可以修改背景
　　　　颜色和帧频。

　　3）绘制太阳元件。按 Ctrl+F8 快捷键新建一个影片剪辑元件，命名为"太
阳"。这时一个独立于主场景的时间轴就出现了，如图 5-19 所示。

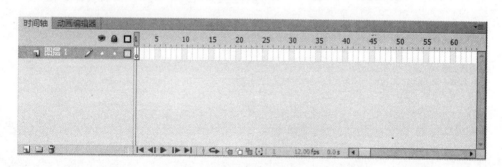

图 5-19　太阳元件内部时间轴

提示　和转化为元件不同，图像并没有直接出现在主场景上，而是出现在库（可
　　　　按 Ctrl+L 快捷键打开）中。

　　在"太阳"元件时间轴第 1 帧绘制出填充类型为"放射状"的黄色圆形。先
选择"椭圆工具"　，再选择"窗口"→"颜色"命令，在"颜色"面板下的"类
型"选择"放射状"，拖动下面的"游标"改变两点对应颜色从而改变放射状颜色，
如图 5-20 所示。

提示　颜色属性快捷键为 Shift+F9。需要注意的是，要用"选择工具"先选定某
　　　　分离的颜色块才能进行修改。

单击 <img /> 或 <img /> 图标按钮，回到"场景1"，从库中拖动影片剪辑"太阳"到"太阳层"第1帧的舞台上，如图5-21所示。

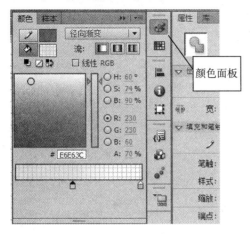

图 5-20   设置放射状颜色   图 5-21   库中的元件

提示   库中的元件可以重复利用，可多次拖出放置到任何地方，这称作元件实例化；双击库中的元件可进入该元件的编辑区，这和在舞台上双击元件进去是一样的；而且元件相当于模板，一旦修改，所有的元件实例都一起跟着被修改。

4）添加运动引导层。选择"太阳层"，在该层名字处右击鼠标，在弹出的快捷菜单中选择"添加传统运动引导层"命令。在引导层第1帧上，用"线条工具" <img /> 绘制一条直线，再用"选择工具" <img /> 移动到直线中点附近，直至鼠标箭头末出现一小弧线时，单击并拖动直线调整成上凸的曲形，如图5-22所示。

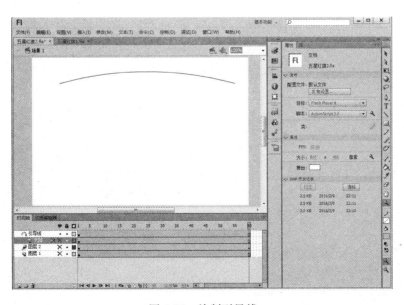

图 5-22   绘制引导线

5）创建太阳的引导路径动画。在"太阳层"的第150帧处按F6快捷键插入关键帧，然后在该层第1帧到第150帧之间右击鼠标，在弹出的快捷菜单中选择"创建传统补间"；分别在"引导线层"、"图层1"和"图层2"的第150帧处按F5快捷键插入帧来延长帧。

回到"太阳层"第1帧，用选择工具 单击"太阳"，这时会看到中心有个空心圆点，即任意变形的参考点，把"太阳"移动到使该圆点触及引导线的位置上，如图5-23a所示；接着选择"太阳层"第150帧，同样把"太阳"移动到使该圆点触及引导线的位置上，如图5-23b所示。

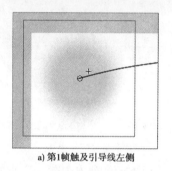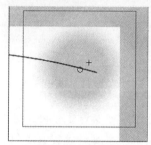

a) 第1帧触及引导线左侧   b) 第150帧触及引导线右侧

图 5-23　使太阳触及引导线

提示　"小十字"称为注册点，是该元件的内部坐标。

6）选择"太阳层"第150帧，按F9快捷键，输入代码"stop()"。

7）调整速度曲线。选择"太阳层"第1帧，再打开属性面板，单击其中的"编辑"按钮，在弹出的对话框中，可以调整补间动画的运动曲线，使运动能"先快后慢"或"先慢后快"等，如图5-24所示。

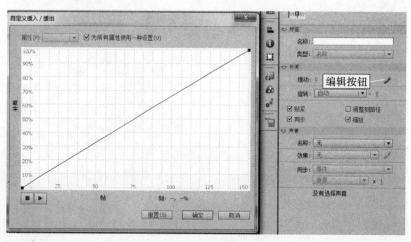

图 5-24　调整速度曲线

读者有兴趣的话，还可以增加几个引导层动画，比如气球上升、几只蝴蝶飞舞等。其实许多动画短片都是由很多层构成的。引导层的亮点在于其引导的路径不规则，实现了动画运动的随心所欲。但要注意的是，引导层的路径要确保是不闭合线条，而且没有间断的缺口，同时不能是组合的对象或转化的元件。

5.1.4 逐帧动画

逐帧动画就是每帧或每隔几帧的序列，每一帧都要绘制，并不创建补间。其优势在于画面过渡很细致，细节突出，一些 3D 软件生成的 Flash 动画和 QQ 聊天常用的动态表情其实就是逐帧动画。

1. 实现功能

本例实现倒计时功能，实例效果如图 5-25 所示。

图 5-25　倒计时

2. 制作流程

3. 具体操作

1）设置背景颜色。按 Ctrl+J 快捷键打开"文档属性"对话框，把背景颜色设置为黑色。

2）输入数字。在第 1 帧上输入文本数字"1"，并设置字体大小为 120 号，颜色为白色；接着在第 13 帧，也就是第 1.0 秒处按 F6 键或右击鼠标，在弹出的快捷菜单中选择"插入关键帧"命令，然后把数字"1"改为数字"2"，按照同样的做法，在第 2.0 秒和第 3.0 秒处的帧上分别输入数字"1"和"0"；最后在数字

"0"的帧上加入"stop()"代码，如图 5-26 所示。

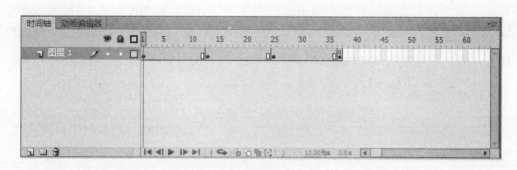

图 5-26 倒计时

提示   在时间轴下方，有几个显示数字，如"1.0s"表示当前帧位于第 1.0 秒上。

当然，可以更精确地以两位有效数字来倒计时，即"3.0、2.9、2.8……0.2、0.1、0.0"；这时，在上面源文件的基础上，我们可以连续选择第 2 帧到第 12 帧，再右击鼠标，在弹出的快捷菜单中选择"转换为关键帧"，并一个个修改数字，如图 5-27 所示。

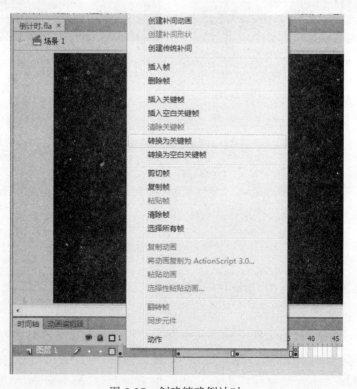

图 5-27 创建精确倒计时

3）增加导出为 GIF 动画。单击"文件"→"发布设置"命令，勾选"GIF 图像"类型，然后在 GIF 面板的"播放处"选择"动画"选项，在"调色板"处选择"最合适"，如图 5-28 所示。回到时间轴，按 Ctrl+B 快捷键，把文本数字全部分离打散。这时按 Shift+F12 快捷键导出，目录下就生成了一个 GIF 图片动画。

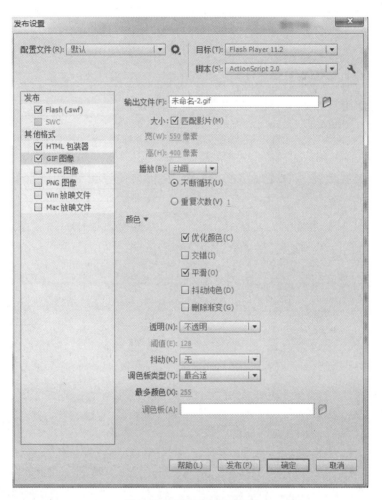

图 5-28　发布为 GIF 动画

提示　打散文字可使任何字体都能在任何没有该字体的电脑上显示。这相当于把字体转化为点阵图形，保存后是不可逆的。

按照上述逐帧动画的做法，读者如果用数码相机连拍了某个动作的几张照片，就可以把照片放到各个帧中，实现连拍图片的动画效果，这在一些实验中可以用于快速显示实验过程。另外，在 QQ 上当别人给你发来动态表情时，读者还可以把表情保存到本地硬盘上，把 GIF 格式的图片动画用 Flash 打开，这样，就可以根据需要进行增加或修改。

5.1.5　创建 3D 补间动画

创建 3D 补间动画的操作步骤如下：

1）打开 Flash 后，新建"ActionScript3.0"文件（3D 补间动画只支持 Action-Script3.0 的项目，除了本小节，本章其他内容的项目均是新建"ActionScript2.0"文件）。

2）在时间轴第 1 帧绘制一个正方形，然后按 F8 快捷键将其转为影片剪辑（这里要做 3D 旋转，而 3D 旋转只对影片剪辑有效）。

3）在第 20 帧处按 F5 快捷键插入帧。

4）选择第 1 帧点，右击鼠标，在弹出的快捷菜单中选择"创建补间动画"命令，之后选择第 20 帧，右击鼠标，在弹出的快捷菜单中选择"插入关键帧"→"旋转"命令。

5）选择工具栏上的"旋转工具"，给第 1 帧或第 20 帧做一个角度旋转，此时动画完成。如图 5-29 所示，按 Ctrl+Enter 快捷键测试即可。

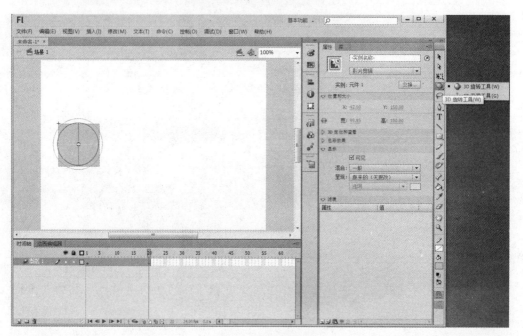

图 5-29　3D 补间动画

本节主要学习了形状补间动画、创建补间动画、引导路径动画、逐帧动画、3D 补间动画这 5 种动画技术，关键是理解动画的播放原理，即动画是一帧帧按序列播放的图像。

本节涉及几个创建补间动画的概念，到了 Flash CS6 之后，因为加入了 3D 的功能，出现了三种创建补间的形式，现小结如下：

1）创建补间动画（可以完成传统补间动画的效果，外加 3D 补间动画）。

2）创建补间形状（用于变形动画，非元件的绘制图形才能使用）。

3）创建传统补间动画（位置、旋转、放大缩小、透明度变化等）。

对于形状补间动画，动画的对象只能是用"绘图工具"绘制出的矢量图。创建补间动画是最常用到的，一般用于对象的大小、倾斜、旋转及位置的改变上。两者有时可以互通，即均可以实现同一种效果，但形状补间动画可以实现外形的变化（比如说方形变为圆形就只能用形状动画，创建补间动画是做不出来的）。

至此，读者学习了方圆互变、国旗上升、日出日落和倒计时等案例，对 Flash 的应用和功能有所了解和掌握。在学习遮罩动画之前，我们先学习文字处理的相关知识。

5.2 文字应用

有了前面的基础操作，读者可以自行运用所学技能进行一些设计了。文字是多媒体的基本素材，跳动的文字能吸引浏览者的注意力。在许多网络课程的考试中，还可以对文本试题进行处理，使之成为在线测试等。本节将给出文字方面的常见应用。

5.2.1 滚动显示文本

在很多 MP3 播放软件中，均有歌词秀的功能，即一行行歌词从某个方位出现，现在我们来实现这一功能。

1. 实现功能

本例实现初步歌词秀，实例效果如图 5-30 所示。

图 5-30   初步歌词秀

2. 制作流程

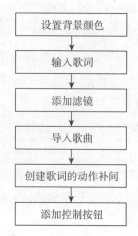

3. 具体操作

1）设置背景颜色。修改"文档属性"中的高为 100 像素，并把背景颜色改为灰色。

2）输入歌词。在舞台上输入字号为 20 的歌词，一句歌词占一行，成多行排列。

3）添加滤镜。单击"窗口"→"属性"→"滤镜"命令，给整个文本框添加投影效果，并移动到灰色场景的下方，如图 5-31 所示。

4）导入歌曲。新建"图层 2"，按 Ctrl+R 快捷键导入歌曲。如果提示导入失败，可用相应软件（如"千千静听"或"格式工厂"等）把格式统一转化为 WAV 格式。导入成功后，会在库中显示该歌曲，这时选择"图层 2"的第 1 帧，在属性面板"声音"栏中选择该歌曲，"同步"下拉列表框中选择"数据流"，如图 5-32 所示。

图 5-31　给文字添加滤镜

提示　Flash 支持 MP3 和 WAV 格式的声音导入，一般 WAV 格式导入的成功率最高；转化的方法是：以"千千静听"为例，在"千千静听"的播放列表上，右击鼠标，在弹出的快捷菜单中选择"转化格式"命令。

导入后，可以看到一条长达几百帧的波形在图层 2 上显示，为便于拖拉，用鼠标单击时间轴右上方的 标签，在弹出的菜单中选择"很小"命令。

5）创建歌词的动作补间。选择"图层1"，在相对于"图层2"波形末的下方按F6快捷键插入关键帧，在该帧上把该文本移动到灰色场景的上方，然后创建传统补间动画。

6）添加控制按钮。在"图层1"最后一帧上加入停止代码"stop()"，然后新建一层，选择"窗口"→"公用库"→"按钮"命令，从中选择3个按钮放置到舞台上，分别为"播放"、"暂停"、"重新开始"。

对"播放"按钮按F9快捷键添加动作代码（英文状态输入，以下同）：

图5-32　添加声音选项

```
on (release){
   _root.play();
}
```

对"暂停"按钮，添加以下代码：

```
on (release){
   _root.stop();
}
```

对"重新开始"按钮添加以下代码：

```
on (release){
   _root.gotoAndPlay(1);
}
```

在上面第3步结束后，可先把该文本转化为影片剪辑，再对其添加如下代码：

```
onClipEvent (enterFrame){
   this._y -= 0.9;
}
```

可以同样实现向上竖直运动的效果，而且只要修改数值就能改变移动速度。

提示　_root指向主时间轴，this指向本元件实例；Flash的纵坐标轴以向下为正方向。

另外，在前面给出的"五星红旗"的Flash中，可以在其第1帧上用"load-MovieNum()"的方法嵌套该歌词秀，实现多个Flash的调用。

5.2.2　逐步淡入的文字

在一个课件中，总会有一段段的文字轮流出现，达到视觉的缓动效果，这类似于PPT里路径动画的效果，而且操作直观、随意性更大。下面我们将用一个实例来说明如何实现这一效果。

1. 实现功能

本例实现逐步淡入的文字效果，如图 5-33 所示。

图 5-33　逐步淡入的文字

2. 制作流程

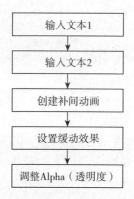

3. 具体操作

1）输入文本 1。在"图层 1"输入文本"努力坚持"，并按 F8 快捷键将其转化为影片剪辑元件。

2）输入文本 2。新建"图层 2"，输入文本"你能行 !!!"，并将其转化为影片剪辑元件。

3）创建补间动画。把"图层 1"的文字做第 1 帧到第 20 帧的位置补间，使之从左向右运动。把"图层 2"的文字做第 20 帧到第 40 帧位置补间，使之从右向左运动。

4）设置缓动效果。选择"图层 1"第 1 帧，在属性面板下的"缓动"栏处输入"100"，同样对"图层 2"第 20 帧做此处理，如图 5-34 所示。

图 5-34　设置缓动效果

5）调整 Alpha（透明度）。分别在第 1 帧和第 20 帧上选定舞台上的元件，给其添加"模糊"滤镜，并把 Alpha 值调为 0%，如图 5-35 所示。同样的设置也应用到"图层 2"另一句文字上。

图 5-35　调整 Alpha（透明度）

最后给两层的帧延长至第 50 帧，使循环动画不那么跳跃，如图 5-36 所示。

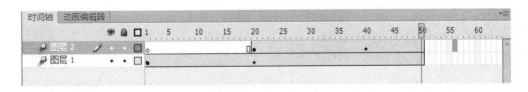

图 5-36　最终的时间轴

5.2.3　案例：英语测试

许多网络课程都有在线测试的栏目，它实现了无纸化考试和自动评判的功能。本节从最简单的文本型输入测试判断开始，讲解动态文本和输入文本的实例运用。

1. 实现功能

本案例实现一个简单的英语测试题，实例效果如图 5-37 所示。

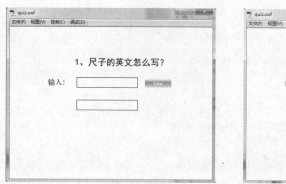

图 5-37　简单英语测试题

2. 制作流程

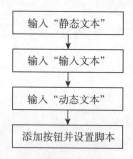

3. 具体操作

1）输入题目。选择"文本工具" T，在舞台输入"静态文本"："1、尺子的英文怎么写？"。

2）输入问题。选择"文本工具" T，在题目下方拖拽出一个矩形框，并在属性面板内设置为"输入文本"，单击 按钮使矩形能显示边框线，然后输入实例名称"input"。如图 5-38a 所示。

3）输入答案。选择"文本工具" T，在"输入文本框"下方拖拽出一个矩形框，并在属性面板内设置为"动态文本"，单击 按钮使矩形能显示边框线，使"动态文本"矩形能显示边框线，然后输入实例名称"output"。如图 5-38b 所示。

4）选择"窗口"→"公用库"→"按钮"命令，从中拖拽出一个按钮实例并添加如下代码：

```
on (release) {
    if (input.text == "ruler") {
        output.text = "right!";
    } else {
        output.text = "wrong!";
    }
}
```

a) 输入文本框设置   b) 输出文本框设置

图 5-38　文本框设置与实例命名

".text"指实例的文本内容。一般某实例后都要加点"."表示某一属性，如 "._alpha"表示透明度属性，这样就实现简单的动态编程了。

本例子中只是一道题的实例，读者还可以复制该帧到后面几帧去，只需修改相应的文字和代码，并添加上下步按钮就能实现多题的文本测验了。

在本节中，给出了用各种常见动画技术来制作文本的实例，包括文字的输入、文字样式的修改、按钮的添加、动态文本及相应代码的添加。本节的关键在于理解文本作为一个对象包含各种属性，通过修改相应的属性值可以实现动画状态的改变和交互命令的控制。本节给出的 3 个例子中，前两个例子主要运用动画补间技术来实现，第三个例子的动态文本比较特殊，是通过编写程序来实现的，但比较简单。需要注意的是，按钮也是作为一个对象存在的，代码写在帧上和写在按钮上是不同的。

5.3　蒙版遮罩

蒙版遮罩是 Flash 中较为特殊的一种基本动画，也称为遮罩动画。它一般由遮罩层和被遮罩层两层组成，遮罩层相当于人的眼睛，在人眼的视野内人只能看到一定角度范围的景物。人转动头部，视野就跟着转动，从而看到另外角度范围内的景物，而原先角度内的景物就看不完全了。被遮罩层则相当于人眼视野外所能看得到的景物，一般它的范围都很广，人眼不能都全部看完。也就是说，由这层蒙版决定景物如何进入你的眼睛中去，从而就产生许多影视作品中常见的镜头效果了。

在介绍遮罩层动画的应用前，先来看一个简单实例的实现。

现在要实现的是光线的会聚运动。有了遮罩层动画后，我们就可以把线全部画好，再通过蒙版的创建补间动画，使蒙版逐渐覆盖完直线。这样线条就会慢慢出现，犹如一束运动的光线。

具体做法是：在"图层 1"处画好线条，再新建一层，在该层名字处右击鼠标，在弹出的快捷菜单中选择"遮罩层"命令，然后解除对这两层的锁定；单击遮罩层第 1 帧，用"矩形工具"画一个长方形并转化为元件当作蒙版，其大小至少能遮住线的全部；在"图层 2"做创建补间动画，第一帧的"遮罩"放到线条左侧，最后一帧移到能完全覆盖线的位置，如图 5-39 所示。

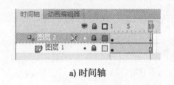
a) 时间轴

b) 遮罩

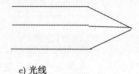
c) 光线

图 5-39　简单遮罩动画

5.3.1　模拟水波涟漪

模拟水波涟漪是一个典型的遮罩层动画应用，可以较为简单地模拟出真实水波的涟漪效果。

1. 实现功能

本例将模拟水波涟漪，实例效果如图 5-40 所示。

图 5-40　模拟水波涟漪效果

2. 制作流程

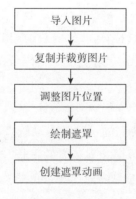

3. 具体操作

1）导入图片。按 Ctrl+R 快捷键导入一张带有湖水的图片到舞台，接着按 Ctrl+J 快捷键打开"文档属性"，设置影片宽高等于图片的宽高。

2）复制并裁剪图片。新建"图层 2"，复制图片到"图层 2"的第 1 帧，并按 Ctrl+B 快捷键分离。然后选择"线条工具"或"钢笔工具"把"图层 2"的图片分割，使湖水和岸边景物分开，最后选择"选择工具"把上方岸边景物图像

"剪切"删除，如图 5-41 所示。

提示 为防止单击到"图层 1"的原图，可把"图层 1"锁定；画出的截断曲线必须是分离的，并使两端稍长于图片。

3）调整图片位置。按键盘方向键使"图层 2"的半截湖水相对"图层 1"原图的位置在 x 和 y 方向上各偏离 2 像素。

4）绘制遮罩。新建"图层 3"绘制图形，如图 5-42 所示。具体做法是：选择"线条工具"＼，笔触大小设置为 10，先画出平行线，再用"选择工具"▶ 调整曲率，框选完所有

图 5-41 将湖水裁剪出来

曲线，选择"修改"→"形状"→"将线条转化为填充"命令，最后将其转化为元件。

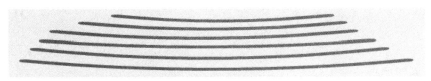

图 5-42 绘制遮罩

5）创建遮罩动画。在"图层 3"第 1 帧到第 60 帧处创建补间动画，使遮罩从上往下移动。最后在"图层 3"字样上右击鼠标，在弹出的快捷菜单中选择"遮罩层"命令，将该层转化为遮罩层，如图 5-43 所示，最终效果如图 5-44 所示。

需要注意的是，两图的相对偏移量不应太大，以免波浪起伏过大，数值在 1～3 像素之间最合适。

5.3.2 霓虹灯效果

霓虹灯效果可以用形状补间、动画补间和遮罩层动画共同来实现。

1. 实现功能

本案例将制作霓虹灯广告，实例效果如图 5-45 所示。

图 5-43 转化为遮罩层

图 5-44　最终文档

2. 制作流程

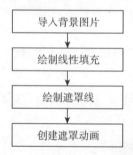

导入背景图片

↓

绘制线性填充

↓

绘制遮罩线

↓

创建遮罩动画

3. 具体操作

1）导入图片。按 Ctrl+R 快捷键导入一张夜晚背景的图片到舞台。

2）绘制线性填充。新建"图层 2"，在第 1 帧绘制一个线性填充矩形，使之产生均匀间隔的多色渐变，转化为"霓虹"元件，如图 5-46 所示。

提示　单击渐变条下方可添加渐变关键点。删除关键点方法是：用鼠标选定它后往下拖拽。

图 5-45　霓虹灯广告

3）创建遮罩动画。新建"图层 3"并转化为遮罩层，解锁后输入"Good"字样，延长帧到第 60 帧。然后回到"图层 2"，作出第 1 帧到第 60 帧的创建补间动画，使"霓虹"元件在字的下面从左向右运动。

4）按照同样的办法创建霓虹线的遮罩动画，只是要将文字换为直线，而且对于画好的直线，要选择"修改"→"形状"→"将线条转化为填充"命令将线条转化为填充。

5.3.3　模拟探照灯

其基本原理和 5.3.2 节的霓虹灯实例一样，只是被遮罩层的颜色块有所不同。

图 5-46　设置多色渐变

1. 实现功能

模拟探照灯效果，实例效果如图 5-47 所示。

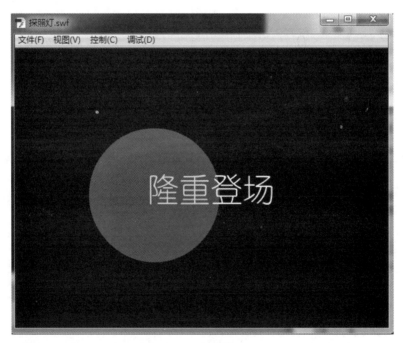

图 5-47　模拟探照灯

2. 制作流程

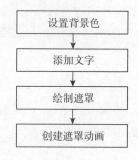

3. 具体操作

1）设置背景色。设置"文档属性"，修改背景为黑色。

2）添加文字。在"图层 1"第 1 帧处输入静态文本"隆重登场"，颜色为白色，并复制。接着新建"图层 2"，右击鼠标，在弹出的快捷菜单中选择"粘贴到当前位置"命令，把"隆重登场"粘贴到图层 1 中相同的位置，并改变文本颜色为深灰色。

3）绘制遮罩。按 Ctrl+F8 快捷键新建一个"图形元件"，命名为"光"；在编辑区里绘制一个放射状填充的圆形。接着返回到"场景 1"，新建"图层 3"，把"光"图形元件拖拽到第 1 帧，将其置于文本左侧。

4）创建遮罩动画。把"图层 3"移到"图层 1"与"图层 2"之间，并延长"图层 1"和"图层 2"的帧到第 60 帧。最后，创建"图层 3"的补间动画，并把"图层 2"转化为遮罩层。

本节中，我们学习了遮罩动画及其运用。遮罩的基本原理是透过遮罩层中的对象范围来观看被遮罩层中的对象变化。它主要用于遮住某一对象的一部分，从而实现一些特殊效果，比如水波、万花筒、百叶窗等，由于被遮罩层可以分别或同时使用形状补间动画、位置补间动画、引导路径动画等技术，使得遮罩动画变得十分精彩。

5.4　鼠标特效

本节主要是学习使用 ActionScript2.0 脚本语言编程，不过代码很少，主要在于运用。

5.4.1　跟随鼠标移动

1. 实现功能

本案例实现跟随鼠标移动的文本，实例效果如图 5-48 所示。

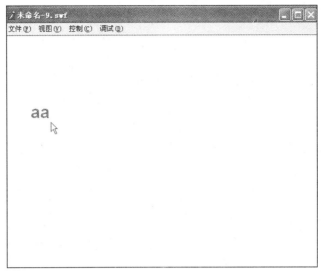

图 5-48　跟随鼠标移动的文本

2. 制作流程

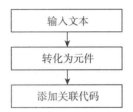

3. 具体操作

1）输入文本。在舞台上输入一个任意文字的静态文本。

2）转化为元件。将文本转化为影片剪辑元件，并在实例属性框内将其命名为"aa"。

3）添加关联代码。在第 1 帧上按快捷键 F9，输入以下代码：

```
onEnterFrame = function ( ){
    aa._x = _xmouse;
    aa._y = _ymouse;
};
```

代码的含义是：每当进入帧时（在默认帧频下，即每 1/12 秒时）调用 function() 函数，使 aa 实例的坐标每 1/12 秒和鼠标指针坐标一样，即鼠标跟随。

5.4.2　自定义鼠标形状

在浏览一些网页时，比如在有的 QQ 空间中，可以看到鼠标箭头不是默认的箭头，而是其他动感的形状。在 Flash 中，如何实现这种自定义效果呢？

1. 实现功能

本例的功能是将默认的鼠标指针形状改为圆圈，实例效果如图 5-49 所示。

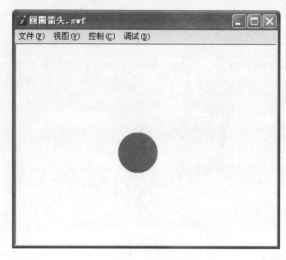

图 5-49　圆圈鼠标指针

2. 制作流程

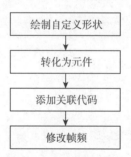

3. 具体操作

1）绘制自定义形状。在舞台上输入绘制一个自己喜爱的形状或直接导入小图片来代替默认的鼠标指针。

2）转化为元件。将绘制的形状或导入的图片转化为影片剪辑元件。

3）添加关联代码。在第 1 帧上按 F9 快捷键，输入以下代码：

```
Mouse.hide ();
onEnterFrame = function () {
    aa._x = _xmouse;
    aa._y = _ymouse;
};
```

4）修改帧频。测试的时候移动鼠标，发现有些拖沓，这是因为帧频在默认状态下比较低，在"文档属性"中修改成 50 以上就好多了。

5.4.3 鼠标画笔

鼠标画笔相当于单击了工具栏上的"铅笔工具" ，可以实现任意线条的涂鸦。该功能只需在一个空白关键帧上输入相关的代码就可以实现了。本例将介绍这个过程。

1. 实现功能

本案例要实现的功能是使用鼠标进行绘图，实例效果如图 5-50 所示。

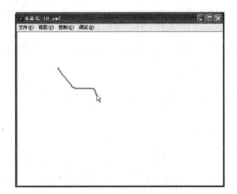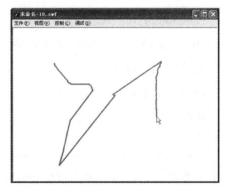

图 5-50　鼠标画笔

2. 制作流程

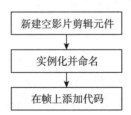

3. 具体操作

1）新建空影片剪辑元件。按快捷键 **Ctrl+F8** 新建一个空白影片剪辑元件，回到主场景，把该元件拖拽到舞台上，这时它是一个空白圆点。

2）实例化并命名。选定该圆点，给该元件实例添加名称"temp_mc"（不包括引号）。

3）在帧上添加代码。选定第 1 帧，在帧上输入如下代码：

```
var mouseListener:Object = new Object();
mouseListener.onMouseDown = function(){
    this.drawing = true;
```

```
    temp_mc.lineStyle(3, 0xFF3300, 100);
    temp_mc.moveTo(temp_mc._xmouse, temp_mc._ymouse);
};
mouseListener.onMouseMove = function(){
    if(this.drawing){
    temp_mc.lineTo(temp_mc._xmouse, temp_mc._ymouse);
    }
    updateAfterEvent();
};
mouseListener.onMouseUp = function(){
    this.drawing = false;
};
Mouse.addListener(mouseListener);
```

提示　代码 lineStyle（3,0xFF3300,100）中,3 为笔触大小,0xFF3300 为笔触颜色,100 为透明度。这些均可由读者自定义。若设置得当，还可以制作出荧光笔的功能，读者可以试试。

另外，若在第一行代码前输入下面的代码，就能替代"新建空影片剪辑"的功能。

```
this.createEmptyMovieClip("temp_mc", this.getNextHighestDepth());
```

　　本节涉及代码较多，因为鼠标特效不是用 Flash 绘图工具就能够实现的，而是用面向对象编程实现的。这也是 Flash 实现交互的关键，以及其越来越流行的原因。读者无需理解其原理，能够知道如何运用就可以了。需要注意的是，影片剪辑元件的命名其实是为了给代码的控制提供调用该元件的一个途径，这是运用代码控制元件运动的前提。

5.5　视觉特效

　　为增加 Flash 的渲染力度，有必要给某些场景镜头实现某些视觉特效。本节将选取几个简单的例子来引导读者继续深入学习 Flash 基本技能的运用。需要注意的是，无论什么效果，都是为配合动画主题，切忌技术滥用。

5.5.1　万花筒效果

1. 实现功能

本案例将实现菜肴万花筒，实例效果如图 5-51 所示。

图 5-51　菜肴万花筒

2. 制作流程

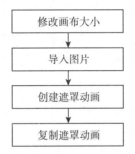

3. 具体操作

1）新建空影片剪辑元件。新建文档，为使导入图片适合播放大小，设置文档属性为 400 像素 ×400 像素。

2）导入图片。按快捷键 Ctrl+F8 新建影片剪辑元件，命名为"遮罩旋转"。在该元件编辑区内导入一张颜色较鲜艳的图片到该编辑区的舞台上，把该元件转化为图形元件并调整好位置和大小。

3）创建遮罩动画。在元件内部第 30 帧处插入关键帧，并创建旋转类型的补间动画，在旋转属性面板的"方向"处选"逆时针"1 次。这样，该补间动画就使图片围绕着它的中心点来作逆时针运动了。新建"图层 2"，绘制一个圆形，并把该层转换成对"图层 1"的遮罩层，如图 5-52 所示。

提示　遮罩层图形也可画出其他形状的图形。

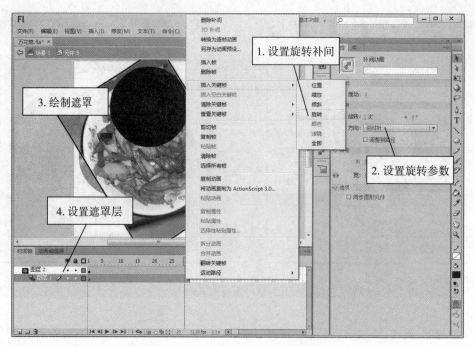

图 5-52　元件内部设置遮罩及旋转

4）复制遮罩动画。返回到"场景 1"，从库中拖拽出 4 个"遮罩旋转"影片剪辑元件到舞台上，并调整好位置和大小，使每个实例的角度都有所不同，如图 5-53所示。

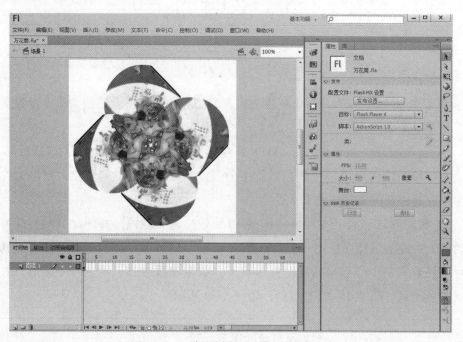

图 5-53　"遮罩旋转"元件内的编辑区

5.5.2　随机气泡效果

1. 实现功能

本案例的功能是实现随机上升的气泡，实例效果如图 5-54 所示。

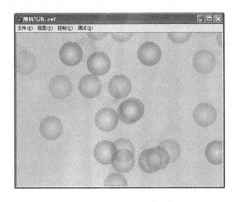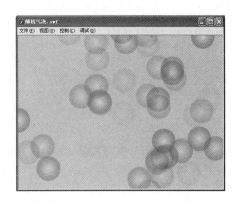

图 5-54　随机上升的气泡

2. 制作流程

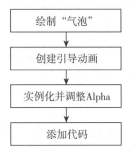

3. 具体操作

1）绘制"气泡"并创建引导动画。按快捷键 Ctrl+F8 新建影片剪辑元件，命名为"气泡"。在该元件编辑区内制作一个放射状填充球形的引导动画，使小球按引导线向上运动，如图 5-55 所示。

2）返回"场景 1"，在库中拖出一个"气泡"元件置于舞台上，并将该实例起名为"ball"，把实例的 Alpha 值调整为 20%。

3）在第 1 帧上添加如下代码：

```
var i = 0;
var max = 60;
onEnterFrame = function ( ){
    duplicateMovieClip(ball, "ball"+i, i);
    setProperty("ball"+i, _alpha, random(40));
    setProperty("ball"+i, _x, random(500)+50);
    setProperty("ball"+i, _y, random(500)-50);
```

```
      if (i == max) {
            delete this.onEnterFrame;
      } else {
            i++;
      }
};
```

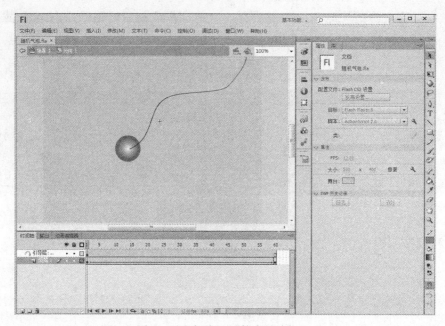

图 5-55 "气泡"元件内的编辑区

参数 max 是要复制小球的数量，duplicateMovieClip 是复制函数，3 个 set-Property 函数用于调整透明度和坐标的随机值。读者可试着修改相应参数来改变现象的效果。

5.5.3 虚拟现实旋转效果

1. 实现功能

本例实现分光计 360° VR（虚拟现实）旋转，实例效果如图 5-56 所示。

 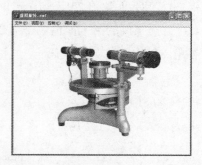

图 5-56 分光计 360° VR（虚拟现实）旋转

2. 制作流程

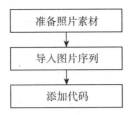

3. 具体操作

1）准备照片素材。首先准备照片素材，要用数码相机在同一高度上围绕某个仪器每隔一定角度做一次拍摄。最后一般有 10~15 张该仪器各个不同角度的照片。

2）导入图片序列。按快捷键 Ctrl+F8 新建影片剪辑元件，命名为"分光计"。在该元件内按角度顺序每隔一帧导入拍摄的照片，并使每帧上图片中轴的位置大致不变。最后在第一帧上加"stop()"代码，时间轴如图 5-57 所示。

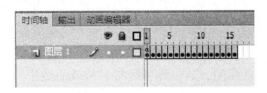

图 5-57　"分光计"元件内时间轴

3）返回舞台，从库中拖出"分光计"元件放于舞台中部（可按需要调整舞台大小）。选择该元件，按快捷键 F9 加入如下代码：

```
onClipEvent (load) {
    var x1, x2, flag = 0;// 载入影片后定于初始变量
}
on (press) {
    x1 = _root._xmouse;// 鼠标按下瞬间记下鼠标 x 轴坐标
    flag = 1;
}
on (release) {
    flag = 0;
}
on (releaseOutside) {
    flag = 0;
}
onClipEvent (mouseMove) {
    var temp;
    if (flag) {
        x2 = _root._xmouse;
        temp = x2-x1; // 新旧鼠标 x 轴坐标的偏移量
        if (temp<-5) {
```

```
                x1 = _root._xmouse;
                if(this._currentframe == this._totalframes){
                        this.gotoAndStop(1);
                } else {
                        this.nextFrame();
                }
        } else if(temp>5){
                x1 = _root._xmouse;
                if(this._currentframe == 1){
                        this.gotoAndStop(this._totalframes);
                } else {
                        this.prevFrame();
                }
        }
    }
    updateAfterEvent();
}
```

这样就实现了单击拖动使图片旋转的效果,这有助于学习者在科学实验前了解仪器和事前实验预习。

本节中,实例 1 运用了遮罩动画,实例 2 运用了引导层动画,实例 3 运用了代码的控制。前面说过,由于遮罩动画变化多样,所以在视觉特效的制作上总会有它的身影。而在实例 2 中,提供了一种综合运动基础动画技术与代码控制相结合比较好的实例模型,这也是各种常见特效的做法。实例 3 中,在逐帧动画的基础上,更多运用了代码的控制。需要注意的是,本节代码既有写到帧的上面,也有写在元件上,相比写在元件上,写在帧上面的代码,更易于查找和修改。

5.6 按钮与菜单

Flash 制作的按钮和菜单放到网页上是十分精美的,网页制作程序 Dreamweaver 内置的许多按钮就是由 Flash 制作的,而且 Flash 按钮往往与声音和视频有强大的交互功能。前面的例子中介绍过使用 Flash 公用库中的按钮,不过公用库中的按钮样式有限,且较为死板,只有自己描绘的才能更好地符合主题需要。

在制作实例之前,要先了解按钮这种特殊元件的构造。在新建一个按钮元件后,会出现如图 5-58 所示的时间轴,其本质就是内置好代码的影片剪辑元件,在相应帧下只需绘制好形状即可。

其中,“弹起”指鼠标没有移动到该按钮上时的状态;“指针经过”正好相反,表示指针移到该按钮上但没有被按下或单击;“按下”指按下鼠标左键而没释放的状态;“点击”表示该按钮在指针单击时启动被触发的区域。

图 5-58　按钮时间轴

5.6.1　制作平滑缩放的按钮

1. 实现功能

本案例将制作平滑缩放的按钮，实例效果如图 5-59 所示。

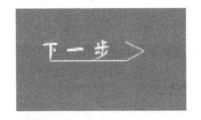

图 5-59　平滑缩放的按钮

2. 制作流程

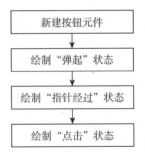

3. 具体操作

1）新建按钮元件。按快捷键 Ctrl+F8 新建按钮元件。

2）绘制"弹起"状态。在"弹起"帧处绘制一个向右的箭头。

3）绘制"指针经过"状态。选择该箭头，右击鼠标，在弹出的快捷菜单中选择"复制"命令，再点击"指针经过"一帧，按快捷键 F7 插入空白关键帧，再右击鼠标，在弹出的快捷菜单中选择"粘贴到当前位置"命令。接着，把"指针经过"帧上的图形转化为影片剪辑元件，并进入该元件编辑区，在里面做鼠标向右移动的动画补间或逐帧动画，并在末帧加上文字提示。

4）绘制"单击"状态。回到按钮元件编辑场景，在"单击"处插入关键帧，绘制一个矩形，即绘制指针经过时的触发范围。

提示　如果想加上音效，就给相应的帧上导入提示音，这样按钮会更加生动。实际上，一般按钮元件只要绘制前面两帧就可以了。

除了在元件内作一般的补间动画外，还可以给影片剪辑或在按钮元件上右击鼠标，给它添加如下代码，从而实现鼠标经过时的缩放效果（以实例名称为 mc 为例）。

```
on (rollOver) {
    new mx.transitions.Tween(mc, "_xscale", mx.transitions.easing.Elastic.
        easeOut, 90, 110, 2, true);
    new mx.transitions.Tween(mc, "_yscale", mx.transitions.easing.Elastic.
        easeOut, 90, 110, 2, true);
}
```

参数 90 指初始缩小为 90%，110 指放大为 110%，2 指回旋次数。

5.6.2 制作带快捷提示的按钮

1. 实现功能

本例将制作带快捷提示的按钮，实例效果如图 5-60 所示。

图 5-60　带快捷提示的按钮

2. 制作流程

3. 具体操作

在 5.6.1 节的基础上，在"指针经过"的帧上输入相应文本就可以了。

下面要介绍如何把影片剪辑元件当成按钮来使用，因为用影片剪辑作按钮在很多情况下很方便。

新建一个影片剪辑元件，在其第 1 帧绘制个矩形，用来表示"弹起"状态；第 2 帧插入关键帧，把第一帧的矩形复制到当前位置，并修改它的位置，用来表示鼠标经过时的状态；第 3 帧重复第 2 帧的步骤，并修改它的颜色；3 帧上都加 "stop()" 代码。

在右侧代码中，press 指"按下"状态，release 指"释放"状态，rollOver 指 "指针经过"，rollOut 指"指针在按钮外"。

返回场景 1，从库中拖拽出该影片剪辑元件到舞台并选定它，按 F9 键，为其加入如下代码：

```
on (press) {
    this.gotoAndStop(2);
}
on (release) {
    this.gotoAndStop(1);
}
on (rollOver) {
    this.gotoAndStop(3);
}
on (rollOut) {
    this.gotoAndStop(1);
}
```

5.6.3 制作控制画面变色的按钮

1. 实现功能

本例将制作控制画面变色的按钮。

2. 制作流程

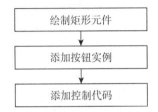

3. 具体操作

1）绘制矩形元件。在舞台上绘制一个矩形元件，颜色任选，转化成影片剪辑元件并给实例命名为 col。

2）添加按钮实例。从公用库中插入一个按钮元件，给其添加如下代码：

```
on (release) {
    var colorType:Array = [0x000000, 0xFF0000, 0x00FF00];
    var newColor = new Color(col);
    newColor.setRGB(colorType[random(colorType.length)]);
}
```

第 1 行建立数组来存放几种颜色；第 2～3 行实现随机调用这几种颜色之一，并赋给矩形以改变它的颜色值。

本节的学习关键在于对按钮模型的理解，按钮本质上就是内置好代码的影片剪辑元件。使用按钮元件可以方便快速地实现模型化制作，当然它的灵活度也不如影片剪辑元件。使用按钮需记住 4 种状态的区别和联系，对应的控制代码分别为：press、release、rollOver、rollOut 等。当然，通过编写程序更能进一步扩展按钮的功能。

5.7 音频/视频综合实例

Flash 对音频和视频的处理虽比不上专业的软件，但其强大的交互功能使声音和视频变得可操作，其 FLV 格式的流媒体几乎成为现在众多视频网站播放的首选。各式各样的 Flash 播放器以其丰富的功能使得多媒体趋于个性化和智能化，从而把媒体呈现推向了新的高度。

前面的实例已有简单的导入声音的方法，现在来介绍视频的一般导入方法。Flash CS6 支持的格式开始增多，有 FLV、F4V、MP4、MOV 等格式的视频。若是显示不支持，可在导入前用相关格式转化工具来转换，比如使用"格式工厂"这款格式转化软件。

视频导入的操作步骤如下：

1）选择"文件"→"导入"→"导入视频"命令，如图 5-61 所示。

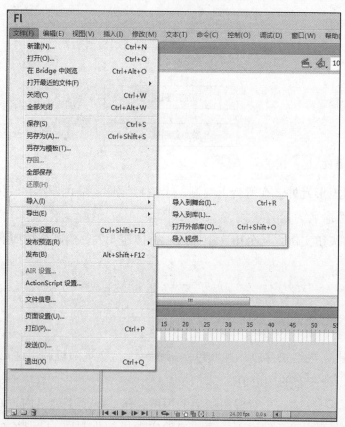

图 5-61　导入视频

2）根据视频向导的提示来导入，如图 5-62 所示。

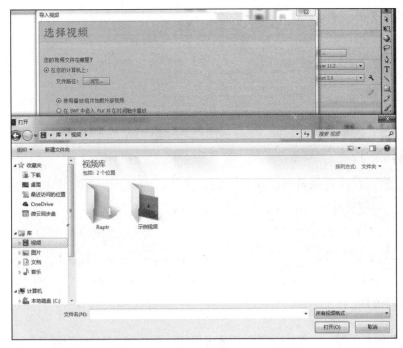

图 5-62　选择文件

3）在选择下载方式和播放器外观后，将在舞台上出现播放器窗口，可以任意
缩放。需要注意的是，外部的 FLV 文件位置不能改变，否则要重新导入。

5.7.1　模拟钢琴弹奏

限于篇幅，本实例只出现部分功能，力求把最基本、最简单的实现方法呈现
给读者，更多的功能由读者自行实现。

1. 实现功能

本案例的功能是模拟钢琴弹奏，实例效果如图 5-63 所示。

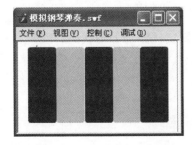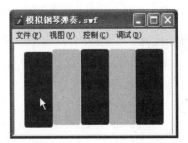

图 5-63　模拟钢琴弹奏

2. 制作流程

```
绘制形状
   ↓
导入声音
   ↓
添加代码
```

3. 具体操作

1）绘制形状。在舞台上绘制 5 个矩形元件，调整好位置和颜色，分别转化成按钮元件，并使鼠标经过时在 y 方向位移下偏离几个像素。

2）导入声音到库，并分别对其右击鼠标，在弹出的快捷菜单中选择"链接"命令，并勾选"为 ActionScript 导出"和"在第 1 帧导出"复选框，在"标识符"栏输入"1.mp3"，如图 5-64 所示。（本例中以此标识符标记，后面代码会用到，故如果不同请修改相应的代码。）

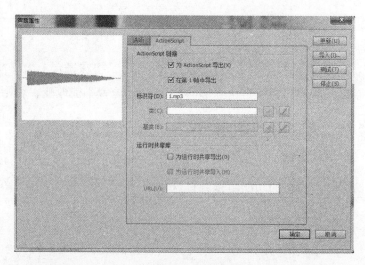

图 5-64　为导出设置链接

3）添加代码。给舞台上左边第一个按钮实例添加如下代码，实现鼠标单击或按键盘数字键"1"发出首音"哆"的效果。

```
on (release, keyPress "1") {
    var song_sound:Sound = new Sound ();
    song_sound.attachSound ("1.mp3");
    song_sound.start ();
}
```

继续给第二个按钮实例添加如下代码，相应地，对库中的"2.mp3"也同上步操作一样增加链接属性。

```
on (release, keyPress "2") {
    var song_sound:Sound = new Sound ();
    song_sound.attachSound ("2.mp3");
    song_sound.start ();
}
```

按照同样的操作，修改相应的参数，继续
为后面几个按钮增加该代码。

5.7.2 音量控制

1. 实现功能

本例将实现音量横向控制，实例效果如
图 5-65 所示。

图 5-65　音量横向控制

2. 制作流程

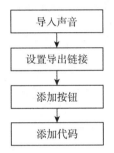

3. 具体操作

1）导入声音。选择"文件"→"导入"命令来导入一首歌曲。

2）设置导出链接。在库中选择该歌曲，右击鼠标，在弹出的快捷菜单中选择
"链接"命令，勾选"为 ActionScript 导出"和"在第 1 帧导出"复选框，然后指
定声音标识符 aa。

3）添加按钮。使用"矩形工具"，在舞台上绘制一个小矩形，并转化为按
钮元件，在舞台上选中该按钮元件，在"属性"中输入实例名称 handle_btn，再
次选定该实例，按快捷键 F8 转化为影片剪辑元件，在"属性"中输入实例名称
handle_mc，即舞台上是一个在第 1 帧中带有按钮的影片剪辑。

4）添加代码。在主时间轴上选择第 1 帧，按快捷键 F9 输入以下代码：

```
var song:Sound = new Sound ();
song.attachSound ("aa");
song.start ();
volume_mc.top = volume_mc._y;
volume_mc.bottom = volume_mc._y;
```

```
volume_mc.left = volume_mc._x;
volume_mc.right = volume_mc._x+100;
volume_mc._x += 100;
volume_mc.handle_btn.onPress = function ( ) {
    startDrag (this._parent, false, this._parent.left, this._parent.top,
        this._parent.right, this._parent.bottom);
};
volume_mc.handle_btn.onRelease = function ( ) {
    stopDrag ( );
    var level:Number = Math.ceil (this._parent._x-this._parent.left);
    this._parent._parent.song.setVolume (level);
};
```

提示 按钮响应的函数写在帧上，这种方式便于集中管理。

5.7.3 MP3 音频字幕播放器

1. 实现功能

本例将实现 MP3 音频字幕播放器，实例效果
如图 5-66 所示。

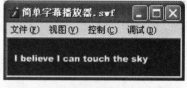

2. 制作流程

图 5-66 MP3 音频字幕播放器

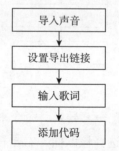

3. 具体操作

1）导入声音。选择"文件"→"导入"来导入歌曲。

2）设置导出链接。在库中选择歌曲，右击鼠标，在弹出的快捷菜单中选择
"链接"命令，勾选"为 ActionScript 导出"和"在第 1 帧导出"复选框，然后指
定声音标识符 aa。

3）输入歌词。在主时间轴上选择第 1 帧，输入第一句歌词文本。接着在第 2
帧、第 3 帧和第 4 帧输入接下来几句歌词，本例只输入 4 句。

4）添加代码。在主时间轴上选择第 1 帧，按快捷键 F9，输入以下代码：

```
stop();
music = new Sound();
music.attachSound("aa");
```

```
music.start();
var flag = 0;
var timerStart = getTimer();
var labelTimeList:Array = [4, 8, 12, 15.5];
onEnterFrame = function (){
    if (getTimer()-timerStart>labelTimeList[flag]*1000){
            flag == flag++;
            nextFrame();
    }
};
```

数组 labelTimeList 用来保存每一句歌词的开始时间（以秒为单位），所以要在事先标记好每句歌词的时间。

本节实例主要通过两种方法导入音频和视频，一种是使用菜单命令的方法，另一种是使用代码的方法，前者导入方便，使用简单；后者控制灵活，功能定制强大；代码控制又分为文件内部调用和文件外部调用，对于调用比较多的音频或视频，一般使用外部调用；而对于容量小的文件，如一个 MV，一般导入使用。

5.8　Flash 模板动画

Flash 和其他软件一样，会自带一些模板来快速生成动画。本节将介绍使用模板生成动画的方法。

1. 制作流程

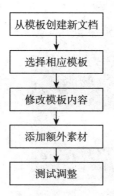

2. 具体操作

1）打开 Flash CS6，按快捷键 Ctrl+N 打开"新建"命令，在弹出的快捷菜单中选择"模板"选项卡，在选项卡内选择"动画"类别，可任意选择一个模板动画，本例以"雨景脚本"为案例，如图 5-67 所示。

2）打开"雨景脚本"后，可以通过快捷键 Ctrl+Enter 测试观看效果，即可以见到雨景，现在来更换为其他的背景：选择"背景"图层第 1 帧上的素材，按

Delete 键删掉，然后单击"文件"→"导入"→"导入到舞台"命令，导入新的背景图片进行替换，如图 5-68 所示。需要注意的是，导入图片大小若是不适合舞台大小，可进行缩放，或者修改舞台大小来匹配图片大小。

图 5-67　创建模板动画

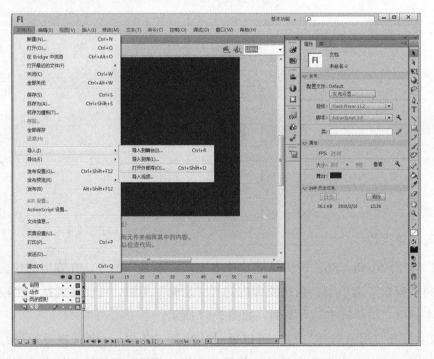

图 5-68　导入替换背景图片

本节选取的模板读者可以自行更换，基本修改的流程和该案例类似。

3）继续导入背景音乐，以及输入相关说明文字，不断地测试观看效果以进行调整。

5.9 实例：制作"天平的使用"课件

最后来看一个课件实例，综合应用本章的基本知识点。该实例是一个介绍物理天平使用的综合性课件，既有补间动画，又有交互的代码编程。在代码方面，只选取共用性比较强的部分来讲解。

5.9.1 设计思路

作为一个介绍物理天平的课件，首先要考虑使用对象。该课件既能供教师上课使用，又能供学生自学，即需要做成一个助教助学两用课件。模块划分如图 5-69 所示。

每个目录模块放到主时间轴的 4 帧上，分别用一个影片剪辑元件来包含，即相当于 4 个可控小影片，其下时间轴上嵌套有多个动画。

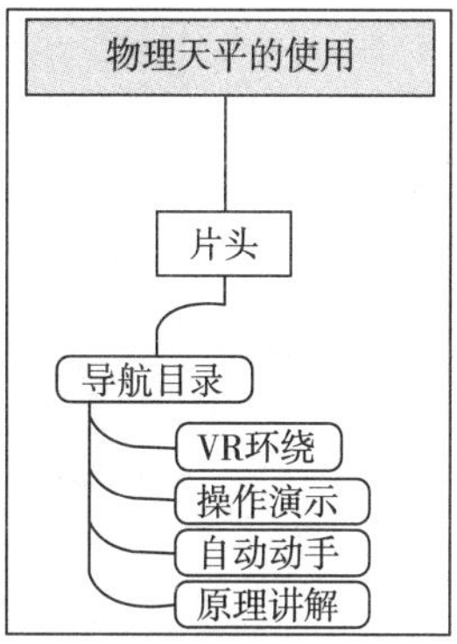

5.9.2 实现效果

1）VR 环绕效果如图 5-70 所示。

图 5-69 课件模块划分

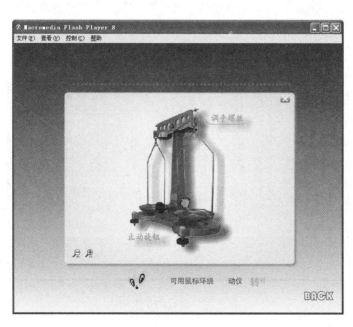

图 5-70 VR 环绕效果

2）操作演示如图 5-71 所示。

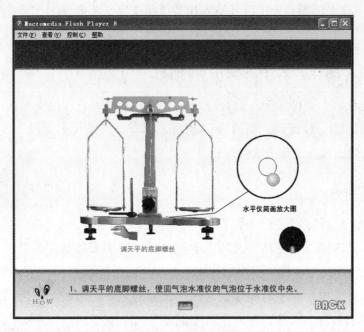

图 5-71　操作演示模块

3）自己动手模块如图 5-72 所示。

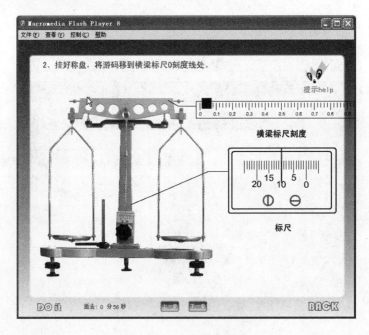

图 5-72　自己动手模块

4）原理讲解模块如图 5-73 所示。

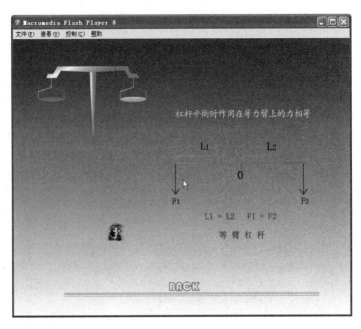

图 5-73　原理模块

5.9.3　实现过程

首先要准备好素材，即把拍摄的仪器图片用 Photoshop 裁剪掉多余的白底，根据实验的步骤文字录制好配音，最后完成具体模块的划分及图像的绘制。

实现的具体操作步骤如下：

1）VR 环绕模块由前面知识可以做出，这里添加了投影的滤镜效果。

2）操作演示。在其影片剪辑中，按实验步骤把时间轴分成一帧一个步骤的影片剪辑。这里主要是补间动画为主，实现声音和画面的同步，相对比较简单。学习者通过观察操作实验和收听配音，达到立体化的学习效果。

3）自己动手。该模块是交互性最强的地方，相当于虚拟实验，对仪器相应部位的操作有即时反馈，有帮助系统和计时系统。只有每做对当前步骤才能到下一步，通过自己动手，学习者能主动操作实验，及时的反馈可以强化学习过程。由于涉及代码较多，该部分相对较难，代码主要是处理元件的拖拽、旋转、数据判断等方面。

4）原理讲解。通过基本的补间动画展示平衡的原理。

5.9.4　作品发布

由于作品集成有众多图片和声音，有 4MB 大小，考虑到网上传输的等待时间，在第 1 帧加入了画面预载功能。发布的时候按默认设置，如图 5-74 所示。

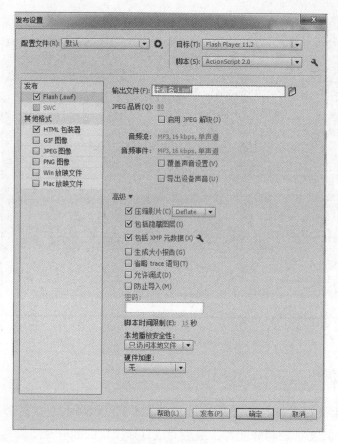

图 5-74　导出设置

制作一个 Flash 作品，不论是课件、纯动画、MV，还是游戏等，要遵循以下步骤：第一，要进行目标分析，即制作这个作品的目的；第二，按需求规划模块；第三，素材准备和具体实现；第四，不断地测试和修正；最后，作品发布。

本章小结

本章学习了动画制作软件 Flash 的基本功能。首先学习了基础动画，包括形状补间动画、基本补间动画、路径引导动画、逐帧动画，并给出了相应的实例来讲解；接着综合运用不同的动画技术"组合"出各种类型的动画，其中具有交互性的是含有互动代码的实例。通过学习这些实例，读者基本能跨入 Flash 动画的大门，并能制作不错的动画了。

学习本章的关键在于理解 Flash 中补间动画在图层、元件的区别，尤其在嵌套的元件内，播放头是怎样播放的，只有弄清楚这些逻辑结构才能随心所欲地创作出自己所要的动画。

本章练习

1. 请根据 5.1.3 节的讲解，绘制出一个月亮并使它做椭圆运动。

2. 参阅 5.4.2 节，在此基础上修改其源程序，更改原来的鼠标指针形状。

3. 参阅 5.7.3 节，在 MP3 音频字幕播放器源程序的基础上，增加几句歌词。

4. 准备几张的照片，用 Flash 自带动画模板来制作动画。

5. 请根据本章的素材和 5.5.3 节的源程序制作 VR 旋转效果。

第6章　影视技术与光盘制作技术——VideoStudio Pro X8

本章导读

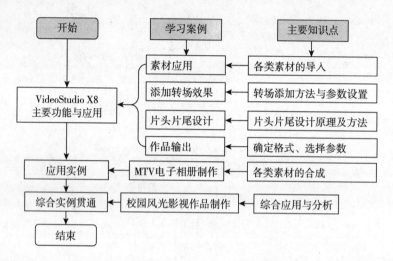

VideoStudio Pro X8（后文简称"VideoStudio X8"，中文名"会声会影"）是一款一体化视频编辑软件，操作简单，功能强大，适用于 DV、HDV 影片剪辑以及光盘制作，符合家庭或个人的影片剪辑需要，是学习视频编辑的好平台。本章主要学习如何利用 VideoStudio X8 视频编辑软件进行多媒体作品设计。

6.1　VideoStudio X8 视频编辑软件概述

6.1.1　界面简介

VideoStudio X8 包含三个主要工作区：捕获、编辑、共享。每个工作区包含特定工具和控件，可以快速高效地开展编辑工作。

1. "编辑"工作区

打开 VideoStudio X8，直接进入编辑工作区，如图 6-1 所示。编辑工作区和时间轴是软件的核心，可以通过它们排列、编辑、修整视频素材并为其添加效果。

图 6-1　VideoStudio X8 软件编辑工作区

- 菜单栏（图 6-1 所示的 A 区）：提供了用于打开和保存影片项目、处理单个素材等的各种命令集。
- 预览窗口（图 6-1 所示的 B 区）：显示"播放器"面板中当前正在播放的视频。
- 素材库面板（图 6-1 所示的 C 区）：存储影片创建所需的全部内容，包括视频样本、照片和音乐素材以及已导入素材，还包括模板、转场、标题、图形、滤镜和路径。选项区域在素材库面板中打开。
- 导览区域（图 6-1 所示的 D 区）：提供用于在"播放器"面板中回放和精确修整素材的按钮。在"捕获"步骤中，它也用作 DV 或 HDV 摄像机的设备控制。
- 工具栏（图 6-1 所示的 E 区）：在与时间轴中内容相关的多种功能中进行选择。
- 时间轴面板（图 6-1 所示的 F 区）：时间轴是组合和编辑视频项目中的媒体素材的位置。
- 选项面板（图 6-1 所示的 G 区）：包含控制、按钮，以及可用于自定义所选素材设置的其他信息。此面板的内容随正在执行的步骤有所变化。

2."捕获"工作区

该区域的功能是捕获和导入视频、照片和音频素材。媒体素材可以直接录制或导入到计算机的硬盘中。如图 6-2 所示，各种类型摄像机的捕获步骤都是类似的，只是"捕获视频选项"面板中的可用捕获设置有所不同，不同类型的来源可以选择不同的设置。例如，磁带机的视频导入可通过"捕获视频"来进行导入，从 HDV 摄像机捕获视频可通过 DV 快速扫描来进行导入。其中的"屏幕捕获"相当于录屏软件。

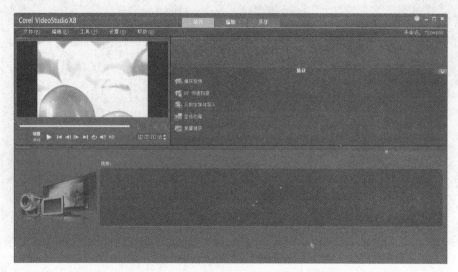

图 6-2　VideoStudio X8 软件捕获工作区

3."共享"工作区

在"共享"工作区可以保存和共享已完成的影片,将项目渲染为满足观众需求或其他用途的视频文件格式,可将渲染好的视频文件作为网页、多媒体贺卡导出,或通过电子邮件将其发送给亲朋好友。"共享"工作区如图 6-3 所示。

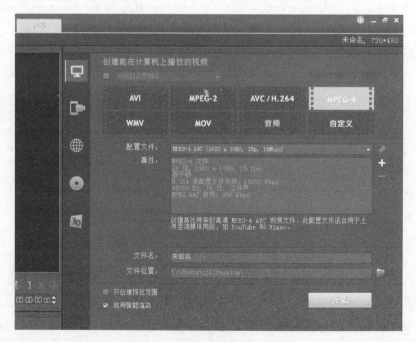

图 6-3　VideoStudio X8 共享工作区

VideoStudio X8 提供以下共享类别：

- 计算机：将影片保存为可在计算机上播放的文件格式。也可以使用此选项，将视频声轨保存为音频文件（这是本书用到的类别）。
- 设备：将影片保存为可在移动设备、游戏机或相机上播放的文件格式。
- HTML5：如果在项目开始时选择"文件"→"新建 HTML5 项目"或"打开 HTML5 项目"，该输出选项在共享工作区可用。
- 网络：将影片直接上传至 YouTube、Facebook、Flickr 或 Vimeo。
- 光盘：保存影片，并刻录到光盘或 SD 卡。
- 3D 影片：将影片保存为 3D 回放格式。

在应用程序窗口顶部，单击相应选项卡可以进行工作区的切换。VideoStudio X8 的这 3 个工作区分别对应视频编辑过程中的不同步骤。捕获工作区用于直接捕获媒体素材和导入视频、照片和音频素材。编辑工作区可以排列、编辑、修整视频素材并为其添加效果。共享工作区可以保存视频文件、将其刻录到光盘或上传至网络。

提示　对于工作区的布局，读者可以自定义。可以自定义程序窗口的大小，更改屏幕上各组件的大小和位置，实现对编辑环境的完全控制。各个面板都是独立的窗口，可以按照编辑喜好来更改。"预览"、"素材库"和"时间轴"窗口之间的分割线可按比例进行调整。拖动分割线并根据你的编辑参数选择调整窗口的大小。在使用大屏幕或双显示屏编辑时尤其有用。可以通过选择"设置"→"参数选择"→"界面布局"命令来进行修改。

6.1.2　捕获素材

视频工作包括处理原始镜头，将镜头从来源设备传输到计算机的一个过程称为捕获。在捕获过程中，视频数据通过捕获卡从来源（通常是视频相机）传输到计算机的硬盘，如图 6-4 所示。

图 6-4　视频捕获常见的设备图

"捕获"工作区内的捕获类型包括 5 个选项：捕获视频、DV 快速扫描、从数字媒体导入、定格动画和屏幕捕获，如图 6-5 所示。

1. 捕获视频

捕获对于各种来源的视频都是类似的，只是"捕获视频"选项面板中的可用捕获设置有所不同。不同类型的来源可以选择不同的设置。模拟的视频（如磁带机）需通过该选项进行导入。

图 6-5　"捕获步骤"选项面板

捕获视频的具体操作步骤如下：

1）从"捕获"工作区中选择"捕获"按钮。

2）打开"捕获"窗口，如图 6-6 和图 6-7 所示。

图 6-6　捕获窗口

图 6-7　捕获视频选项面板

"捕获视频"选项面板中的各选项如下：

- 区间：设置捕获时间长度。
- 来源：显示检测到的捕获设备，列出计算机上安装的其他捕获设备。
- 格式：提供一个选项列表，可在此选择文件格式，用于保存所捕获的视频。
- 捕获文件夹：此功能指定一个文件夹，用于保存所捕获的文件。
- 选项：显示一个菜单，在该菜单上可以修改捕获设置。
- 捕获视频：将视频从来源传输到硬盘。
- 抓拍快照：将显示的视频帧捕获为图像。

2. DV 快速扫描

可以扫描 DV 设备，查找要导入的场景，DV 快速扫描的具体步骤如下：

1）在"捕获步骤"选项面板中选择"DV 快速扫描"，如图 6-5 所示。

2）快速扫描和捕获向导如图 6-8 所示。

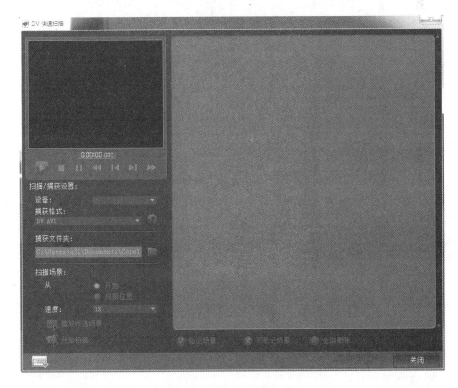

图 6-8　快速扫描和捕获向导

3. 从数字媒体设备导入

可以从光盘、硬盘、内存卡和数码摄像机中导入 DVD、AVCHD、BDMV 视频和照片，以及将光盘或硬盘中的"AVCHD *.m2ts"和"*.mts"文件导入

到 VideoStudio X8 中。使用移动设备导入前应确保设备已正确连接，并且可由
VideoStudio X8 识别。导入数字媒体的具体操作步骤如下：

1）单击"捕获步骤"，然后单击"导入数字媒体"，此时将打开"选取导入源
文件夹"对话框，如图 6-9 所示。

2）找到包含视频文件的驱动器或文件夹，然后单击"起始"按钮，如图 6-10
所示。

提示　单击从文件夹导入可在硬盘驱动器中搜索视频文件。浏览到视频文件夹然
　　　后单击"起始"按钮。

3）单击"导入"完成操作。所有导入的视频都将添加到"素材库"中的缩略
图列表中。

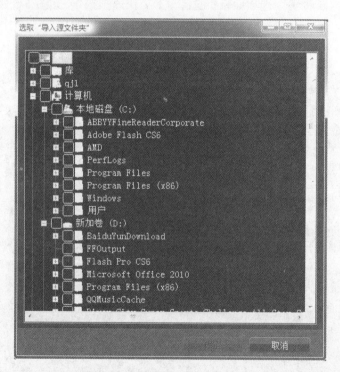

图 6-9　导入源文件夹

4. 定格动画

定格动画是通过逐格地拍摄对象然后连续放映，从而产生的动画视频。可
以使用 DV/HDV 摄像机或网络摄像头捕获的图像，或用导入的照片直接在
VideoStudio X8 中制作定格动画，并将其添加到视频项目中。

录制设备生产定格动画的具体操作步骤如下：

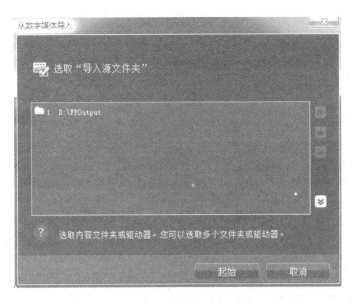

图 6-10　选择导入

1）单击"捕获步骤"，然后单击"定格动画"，弹出对话窗口，如图 6-11
所示。

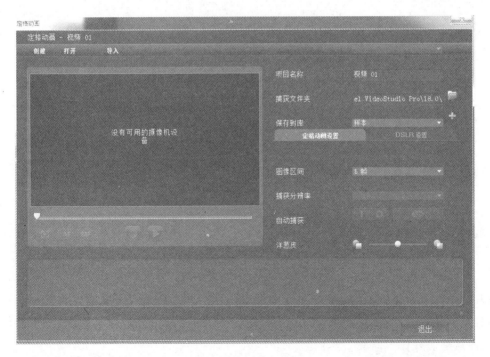

图 6-11　定格动画界面

2）将捕获设备（网络摄像头 / DV/HDV 摄像机）连接到计算机。

3）在"图像区间"中选择各个图像的曝光时间。

4）在"捕获分辨率"中调整屏幕捕获质量。

5）从左到右移动滑块来控制新捕获的图像和之前捕获的帧的阻光度。

6）单击捕获图像捕获想用于项目的特定帧。

导入数码照片的定格动画的具体操作步骤如下：

1）单击"捕获步骤"，然后单击"定格动画"，弹出对话窗口选择"导入"按钮，如图6-12所示。

2）选择照片后单击"打开"，照片会自动放入定格动画项目中。

3）根据需要调整参数。

图6-12　定格动画界面

5. 屏幕捕获

使用 VideoStudio X8 中的屏幕捕获功能可录制计算机操作和鼠标的移动。该功能只需通过几个简单的步骤即可创建可视化视频。还可以定义需要额外突出和聚焦的捕获区域，或合并画外音。具体操作界面和第三方录屏类似，比较简单，在此从略。操作界面如图6-13所示。

6.1.3　故事板

"故事板"视图是将视频素材添加到影片的一种简单快捷的方法。故事板中的每个略图都代表影片中的一个事件，即视频素材或转场。略图概要显示项目中的事件的时间顺序。每个素材的区间都显示在每个略图的底部。通过拖放的方式，可插入视频素材，排列其顺序。转场效果可以插入到两个视频素材之间。所选的视频素材可以在预览窗口中进行修整，如图 6-14 所示。

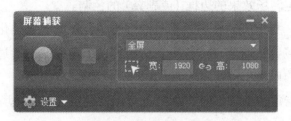

图 6-13　屏幕捕获界面

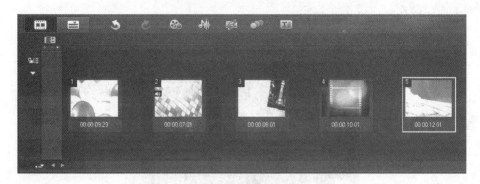

图 6-14　故事板

6.1.4　效果窗口

转场效果使影片可以从一个场景平滑地切换为另一个场景。在"视频轨"中的素材之间应用转场效果后，属性可以在"选项面板"中修改。使用此功能，可以有效地为影片添加专业化的效果。

"效果步骤"选项面板如图 6-15 所示。

图 6-15　"效果步骤"选项面板

该选项面板的相应功能如下：

● 区间：显示在所选素材上应用效果的区间，形式为"小时：分钟：秒：帧"。通过更改时间码值可调整区间。

● 边框：确定边框的厚度。输入0可以删除边框。

● 色彩：确定转场效果的边框（或副翼）的色调。

● 柔化边缘：指定所需转场效果与素材的融合程度。强柔化边缘会产生较不突兀的转场，从而实现从一个素材到另一个素材的平滑过渡。此选项适用于不规则的形状和角度。

● 自定义：指定转场效果的方向。（此选项仅适用于部分转场效果。）

1. 添加转场

添加转场的具体操作步骤如下：

1）单击"转场"按钮，如图6-16所示。

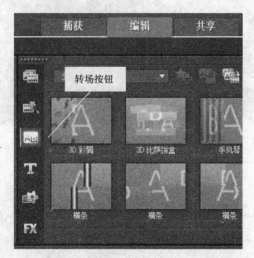

图6-16　转场

2）在缩略图列表或者下拉菜单中选择一个转场类别，如图6-17所示。

3）选择一个效果并将其拖拽到时间轴上，放在两个视频素材之间，如图6-18所示。

提示　双击效果库中的转场会自动将其插入到两个素材之间的空白转场位置中。重复此过程会将转场插入到下一个空白转场位置中。要替换项目中的转场，可将"素材库"中的新转场拖到"故事板"或"时间轴"上要替换的转场略图上。

2. 将所选转场效果应用于所有素材

无需手动将转场效果拖到"时间轴"上即可将转场效果应用到所有素材，具体的操作步骤如下：

1）单击"转场"按钮，如图 6-16 所示。

2）在文件夹列表中选择一个转场类别，如图 6-17 所示。

3）选择"对视频轨应用当前效果"按钮，或者右击转场效果后选择该选项，如图 6-19 所示。

3. 插入随机选择的转场效果

插入随机选择转场效果的具体操作步骤如下：

1）单击"转场"按钮，如图 6-16 所示。

2）选择"对视频轨应用随机效果"选项，如图 6-20 所示。

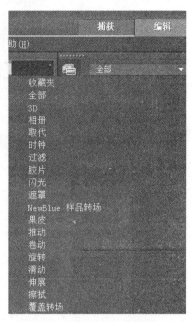

图 6-17　转场类别图

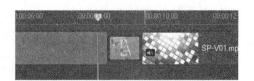

图 6-18　转场效果图

图 6-19　转场效果应用的选择图

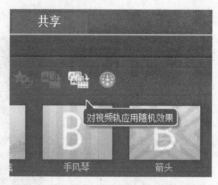

图 6-20   插入随机选择的转场效果

6.1.5   叠加窗口

"覆叠"步骤允许添加覆叠素材，与视频轨上的视频合并起来。使用"覆叠"素材，可以创建画中画的效果或添加字幕条来创建更具专业外观的影片作品。

1. "覆叠"步骤选项面板

"覆叠"步骤选项面板中有两个选项卡："编辑"选项卡和"属性"选项卡。如图 6-21 所示。

- 在"编辑"选项卡中可自定义属性，如素材区间、回放速度以及覆叠素材的音频属性，该选项卡中的可用选项取决于所选覆叠素材。
- "属性"选项卡可对覆叠素材应用动画、透明度、滤镜和边框。

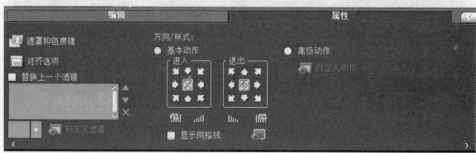

图 6-21   "覆叠步骤"选项面板

"属性"选项卡下的相关命令说明如下：

- 遮罩和色度键：打开"覆叠选项"面板，可在其中指定要应用于覆叠素材的透明度和覆叠选项。
- 对齐选项：显示可应用于覆叠素材的各种命令。
- 替换上一个滤镜：在将新的滤镜拖动到素材上时，允许替换上一个应用于该素材的滤镜。如果要向素材添加多个滤镜，则不选此选项。
- 已用滤镜：列出已应用于素材的视频滤镜。
- 删除滤镜：从覆叠素材中删除所选滤镜。
- 预设值：打开一个菜单，可在其中为选定的滤镜选择预设值，然后应用于覆叠素材。
- 自定义滤镜：打开一个对话框，可在其中定义所选滤镜的设置和选项。
- 方向／样式：设置要应用于覆叠素材的移动的类型。
- 进入／退出：设置素材进入和退出屏幕的方向。
- 暂停区间之前／之后旋转：选择该选项在暂停区间之前或之后旋转。
- 淡入／淡出动画效果：选择该选项以在素材进入或退出屏幕时逐渐增加或降低其透明度。
- 显示网格线：选中则会显示网格线。

2. 将素材添加到"覆叠轨"上

将媒体文件拖拽到时间轴的"覆叠轨"上，将它们作为覆叠素材添加到项目中，具体的操作步骤如下：

1）在素材库中，选取要添加的覆叠素材，如图 6-22 所示。

2）从素材库中将该素材文件拖拽到时间轴上的覆叠轨中，如图 6-23 所示。

图 6-22　素材库图

图 6-23 时间轴上的覆叠轨

___

提示

- 要将媒体文件直接插入到"覆叠轨"中,可右击"覆叠轨"并选取要添加的文件的类型。该文件将不会添加到素材库中。
- 可以使用色彩素材作为覆叠素材。
- 可以使用"编辑"选项卡中的可用选项来自定义覆叠素材。
- 单击"属性"选项卡。覆叠素材随后将调整为预设大小并放置在中央。使用"属性"选项卡中的选项可以为覆叠素材应用动画、添加滤镜、调整素材的大小和位置等。

___

6.1.6 字幕窗口

一幅图片胜过千言万语,但是视频作品中的文字(即字幕、开场和结束时的演职员表等)则可使影片更为清晰明了。通过 VideoStudio X8 的"标题"步骤,可在几分钟内就创建出带特殊效果的专业化外观的标题。

1."标题步骤"选项面板

用户可在"标题步骤"选项面板中修改字体、大小和颜色等文字属性。图 6-24 和图 6-25 分别显示了"标题步骤"选项面板的"编辑"和"属性"选项卡。

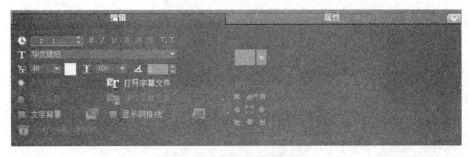

图 6-24　"编辑"选项卡

"编辑"选项卡的各选项说明如下：

- 区间：以"时：分：秒：帧"的形式显示所选素材的区间。通过更改时间码值可调整区间。
- 垂直文字：单击 ▥ 使标题方向变为纵向。
- 字体：选择所需的字体样式。
- 字体大小：选择所需的字体大小。
- 色彩：指定喜欢的字体颜色。
- 行间距：设置文字行之间的间距，即行距。
- 旋转角度：设置文字指定的角度和方向（顺时针或逆时针）。
- 多个标题：选择为文字使用多个文字框。
- 单个标题：选择为文字使用单个文字框。在从较早版本的 VideoStudio X8 中打开项目文件时，该项为自动选中。
- 文字背景：选择应用单色背景栏、椭圆、矩形、曲边矩形或圆角矩形作为文字的背景。
- 边框 / 阴影 / 透明度：设置文字的边框、阴影强度和透明度。
- 打开字幕文件：插入以前保存的影片字幕。
- 保存字幕文件：将影片字幕保存到文件中以备将来之用。
- 显示网格线：选择显示网格线。

图 6-25　"属性"选项卡

"属性"选项卡的各选项说明如下：

- 应用动画：启用或禁用标题素材的动画。
- 类型下拉菜单：可在其中为标题选择首选动画效果。
- 自定义动画属性：打开一个对话框，可在其中指定动画设置。

2.添加标题

添加标题的具体操作步骤如下：

1）在素材库中，选取要添加的标题素材，如图6-26所示。

2）从素材库中将该素材文件拖到时间轴上的标题轨中，如图6-27所示。

3）双击"预览窗口"并输入文字，如图6-28所示。

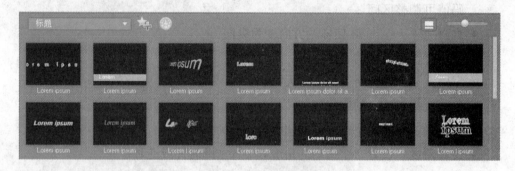

图6-26　素材库窗口

图6-27　时间轴上的标题轨图

图6-28　预览窗口

提示 输入完成后，单击文字框之外的地方。要添加其他文字，请在"预览窗口"中再次双击。

3. 字幕编辑器窗口

通过字幕编辑器，可为视频或音频素材添加标题，也可为幻灯片轻松添加屏幕画外音，或为音乐视频轻松添加歌词。手动添加字幕时，可以使用时间码精确匹配字幕和素材。还可以使用声音检测，自动添加字幕，在较短时间内获得更为精确的结果。

通过字幕编辑器手动添加字幕的具体操作步骤如下：

1）在时间轴中选择视频或音频素材。

2）单击字幕编辑器按钮 。也可以在时间轴中右击所选视频或音频素材并选择字幕编辑器，打开字幕编辑器对话框。

3）在字幕编辑器对话框中，播放视频或将滑轨拖动至要添加标题的部分。

4）使用回放控件或手动录制，单击开始标记 和结束标记 按钮，定义每个字幕的区间。

手动添加的每个字幕片段将出现在字幕列表中，如图6-29所示。

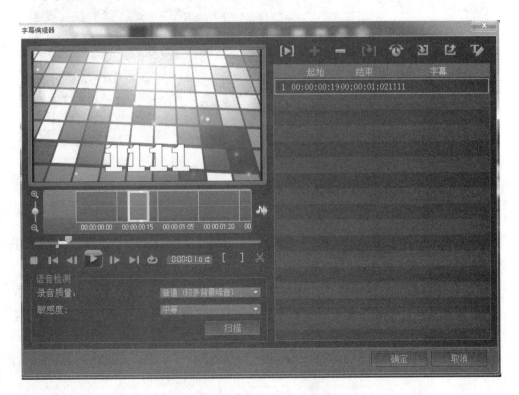

图6-29 "字幕编辑器"界面

除了手动输入，VideoStudio X8 还支持自动添加字幕，该功能最适合用于视频教程、语音和视频演示。

通过字幕编辑器自动添加字幕的具体操作步骤如下：

1）在声音检测区域，在录音质量和敏感度下拉列表中选择与视频中音频质量特性相对应的设置。

2）单击扫描。程序将根据音频级别自动检测字幕片段，将字幕片段添加到字幕列表。如图 6-30 所示。

图 6-30　自动检测添加字幕

6.1.7　音频窗口

声音是视频作品获得成功的元素之一。VideoStudio X8 的"音频"步骤允许为项目添加旁白和音乐。

"音频"步骤由两个轨组成：声音和音乐。应将旁白插入声音轨，将背景音乐或声音效果插入音乐轨。此外，在视频轨上方还有一个"自动音乐"按钮和"混音器"按钮。下面将做详细介绍。

1. "音频"步骤选项面板

"音频"步骤选项面板中的"音乐和声音"选项卡允许从音频 CD 上复制音乐、

录制声音，以及对音频轨应用音频滤镜，如图 6-31 所示。

图 6-31 "音乐和声音"选项卡

"音乐和声音"选项卡中各选项说明如下：

- 区间：以"时：分：秒：帧"的形式显示音频轨的区间，也可通过输入所要的区间来预设录音的长度。
- 素材音量：调整录制的素材的音量级别。
- 淡入：逐渐增加素材的音量。
- 淡出：逐渐减小素材的音量。
- 速度 / 时间流逝：改变素材的回放速度。
- 音频滤镜：打开"音频滤镜"对话框，可在其中对所选音频素材应用音频滤镜。

2. "自动音乐"选项面板

利用 VideoStudio X8 的自动音乐功能可基于 ScoreFitter 无版税音乐库轻松创作高质量声轨。通过歌曲的变化，为视频作品带来丰富的效果。其界面如图 6-32 所示。

图 6-32 "自动音乐"选项卡

"自动音乐"选项卡中的各选项说明如下：

- 区间：显示所选音乐的总区间。
- 素材音量：调整所选音乐的音量级别。值 100 表示保持音乐的原始音量级别。
- 淡入：逐渐增加音乐的音量。

- 淡出：逐渐减小音乐的音量。
- 类别：选择想要的音乐类型。
- 歌曲：选择一首歌。
- 版本：选择歌曲版本。
- 自动修整：自动修整音频素材或剪辑到所要的区间。

3."混音器"选项面板

"混音器"是将画外音、背景音乐和视频素材中已有的音频很好地混合在一起的音量控制工具。打开混音器后其界面如图 6-33 所示。可在面板中做相应调整达到需要的效果。

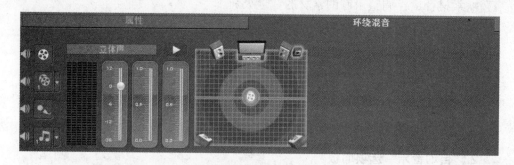

图 6-33 "混音器"选项卡

4．添加音频文件到素材库

添加音频文件到素材库的具体操作步骤如下：

1）单击"加载音频"按钮 ▇。

2）选择要添加的音频文件，单击"打开"按钮，如图 6-34 所示，即可将音频文件添加到素材库。

5．添加声音旁白

添加声音旁白的具体操作步骤如下：

1）单击"音乐和声音"选项卡，如图 6-35 所示。

2）使用飞梭栏定位到要插入旁白的视频段，如图 6-36 所示。

3）单击录制按钮 ▇，在弹出的快捷图形菜单中选择"画外音"，显示"调整音量"对话框，如图 6-37 所示。

4）对话筒讲话，检查仪表是否有反应。使用 Windows 混音器调整话筒的音量，如图 6-38 所示。

5）单击"开始"按钮开始对话筒讲话，如图 6-37 所示。

6）按下 Esc 键或单击停止以结束录音。

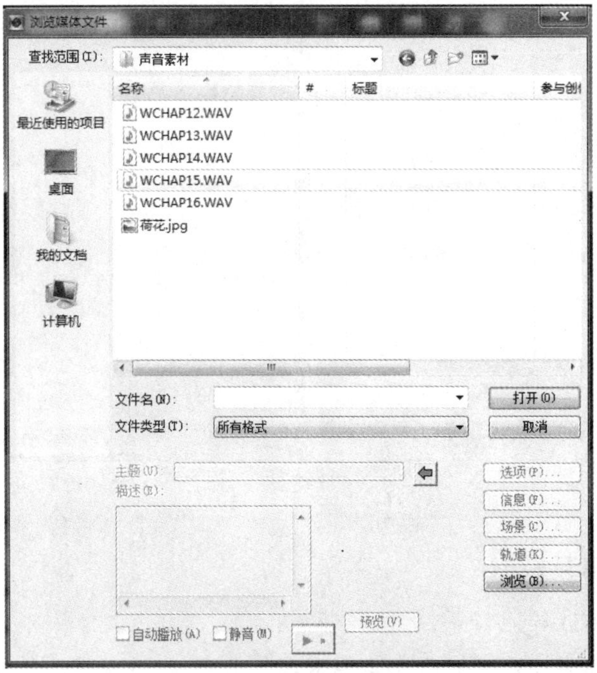

图 6-34　浏览媒体文件窗口

图 6-35　"音乐和声音"选项卡

图 6-36　飞梭栏定位

图 6-37　"调整音量"窗口

提示　录制旁白的最佳方法是录制 10～15 秒的会话。可以很方便地删除录制效果较差的旁白并重新进行录制。要删除旁白，只需在时间轴上选取此素材并按下 Delete 键。

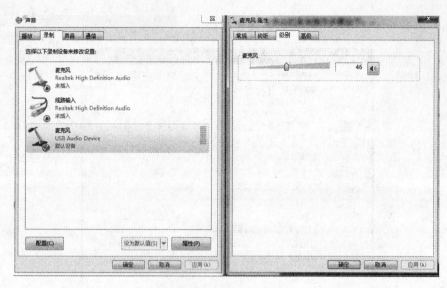

图 6-38　录音控制窗口

5. 添加背景音乐

（1）从音频 CD 导入音乐

从音频 CD 导入音乐的操作步骤如下：

1）单击录制按钮![icon]，在弹出的快捷图形菜单中选择"从音频 CD 导入"，显示"转存 CD 音频"对话框，如图 6-39 所示。

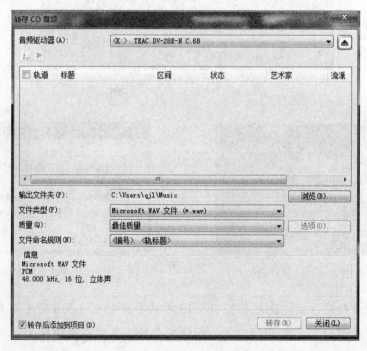

图 6-39　转存 CD 音频图

2）选择要导入的音频驱动器和轨道。

3）单击"浏览"按钮，选择保存导入文件的目标文件夹。

4）单击"转存"按钮，开始导入音频轨。

（2）添加第三方音乐

添加第三方音乐的操作步骤如下：

1）在时间轴中右击鼠标，选择插入音频，如图 6-40 所示。

图 6-40   右击时间轴出现的界面

2）选择到声音轨道或到音乐轨道，如图 6-40 所示。

3）选择要添加的音频文件，单击"打开"按钮，如图 6-41 所示。

图 6-41   "打开音频文件"窗口

6.1.8 影音快手

VideoStudio X8 提供了快速简单的方法，只需选取模板，添加媒体素材并保存影片，即可快速制作出令人印象深刻的项目。在 VideoStudio X8 窗口中，单击"工具"→"影音快手"，就出现影音快手（FastFlick）窗口，如图 6-42 所示。

图 6-42 "影音快手"窗口

"影音快手"附带有大量不同主题的模板。运用"影音快手"制作相册的具体的操作步骤如下：

1）单击选择模板选项卡。

2）从下拉列表中或从略图列表中选择模板。

3）单击"添加媒体"选项卡，可以使用照片、视频素材或媒体素材组合，如图 6-43 所示。

4）编辑标题。可以将占位符文本替换为自己的文本，更改字体样式和色彩，还可以添加阴影和透明度等效果，如图 6-44 左侧所示。

5）添加音乐。使用模板内置音乐，或添加自己的音乐，应用"音频标准化"，自动将每个音乐片段的音量调整为同一水平，如图 6-44 右侧所示。

6）最后还可为照片添加摇动和缩放效果，设置影片时长等，使影片更加完善。

7）保存至视频文件。

若要对这一向导式的模板套用做进一步修改，还可单击"在 VideoStudio 中编辑"按钮，从而在 VideoStudio X8 编辑器中进一步编辑。

图 6-43　添加媒体窗口

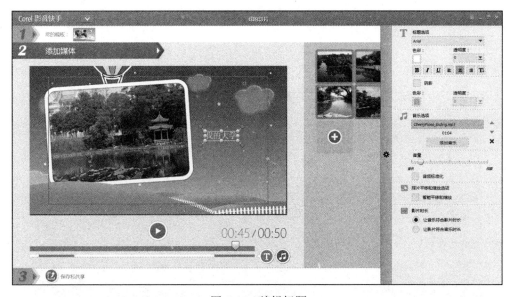

图 6-44　编辑标题

6.2　MTV 电子相册制作

　　VideoStudio X8 视频编辑软件的最大特点是功能划分清晰。打开 VideoStudio X8

软件，用户可以直接在编辑窗口上方的菜单栏上，依次选择各个功能，按照要求编辑影片，从而快速地制作出效果出色的影片。

编辑窗口的左上角是视频预览区域，右边是各类素材文件的缩略图列表。窗口下方是视频编辑区，在这里可以对影片中的图像、视频、音乐等各种内容进行编辑处理，制作出优质的多媒体作品。视频编辑区域又分为故事情节面板和时间轨两种界面，故事情节面板主要用于处理图像或视频素材，以及素材之间的场景转换特效，而时间轨主要用于处理图像或视频素材的演示时间、音乐和文字与视频文件时间对应等。

下面用 VideoStudio X8 来制作 MTV 电子相册。制作 MTV 电子相册的流程如下所示：

6.2.1 制作步骤

1）VideoStudio X8，进入编辑窗口，如图 6-45 所示。

图 6-45　VideoStudio X8 编辑窗口

2）设置自动添加转场效果。

设置自动添加转场效果的具体操作步骤如下：

① 在编辑窗口下，选择"设置"→"参数选择"命令，如图 6-46 所示。

② 在参数选择窗口下，选择"编辑"选项卡，如图 6-46 所示。

③ 在"编辑"选项卡下的"自动添加转场效果"前打"√"，如图 6-46 所示。

图 6-46　设置自动添加转场效果的流程图

3）导入图片、音频、视频等素材

导入图片、音频、视频等素材的具体的操作步骤如下：

① 在时间轴上单击鼠标右键，分别导入各类素材，如图 6-47 所示。

② 为相片添加文字描述，如图 6-48 所示。可以为每张照片添加一段文字，每段文字要注意调整区间长短和位置。

图 6-47　导入素材方法图

图 6-48　添加文字

③ 影片的输出。

影片输出的具体操作步骤如下：

① 单击"共享"选项卡，如图 6-49 所示。

② 选择不同的创建类别，生成不同的视频格式，如图 6-49 所示。

③ 如果选择自定义，那么提供更多的视频格式选择，如图 6-49 所示。

④ 单击开始"按钮"，等待视频渲染，如图 6-50 所示。

图 6-49　影片输出图

图 6-50　影片渲染

6.2.2　光盘刻录

作品制作好后，通过"共享"可实现作品最终成品。输出方式主要有两种：一是创建视频文件，可以根据自己的需要输出不同格式的视频文件，这些视频文件可以通过电脑的视频播放器播放出来；二是创建光盘，可以创建 DVD、VCD、SVD 等不同格式的光盘，这些光盘可以在家庭的普通影碟机上播放，从而在电视上观赏自己的作品。要创建光盘，其先决条件是电脑要装有刻录机，这样才能进行刻录。以刻录 DVD 光盘为例，具体的操作步骤如下：

1）在刻录机中放入 DVD 空白盘。

2）影片编辑、完善后，在"共享"中选择"创建光盘"按钮 ⚫，如图 6-51 所示。

3）选择 DVD，进入添加媒体的窗口，如图 6-52 所示。可以继续导入多个视频。

4）单击"下一步"按钮，进入菜单和预览界面，如图 6-53 所示。光盘菜单可使用户轻松地浏览光盘的内容，方便地选择要观看的特定视频部分。

5）单击"下一步"按钮，进入刻录窗口画面，即可开始刻录，如图 6-54 所示。

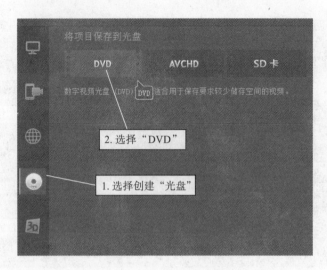

图 6-51　创建光盘的流程图

图 6-52　创建 DVD 图

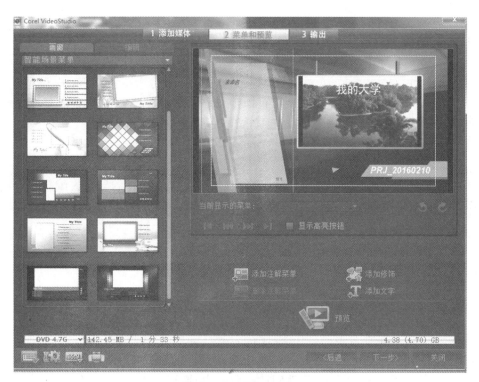

图 6-53　编辑菜单模板图

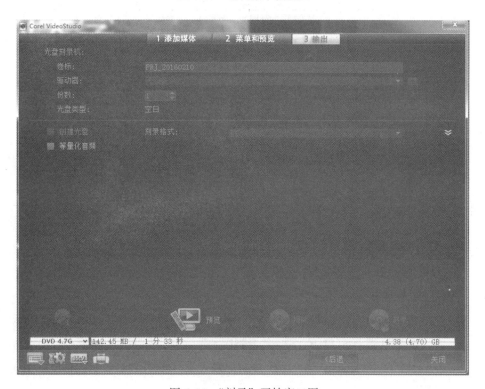

图 6-54　"刻录"开始窗口图

6.3 实例：影视作品制作

本节将通过一个实例综合应用本章介绍的知识，帮助读者灵活应用软件完成一个初步的作品。

6.3.1 实例概述

1. 实现功能

本实例通过《校园风光》影视作品的制作，完成从素材的导入、编辑、合成，到作品的输出的全过程。实例集文字、音频、图像等素材为一体，把本章所学到的各个主要知识点串联起来。

2. 制作流程

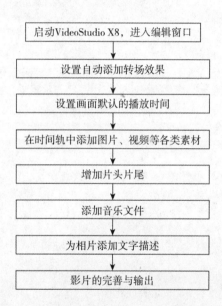

6.3.2 设计步骤

1）启动 VideoStudio X8，进入"编辑"窗口。

2）设置自动添加转场效果。

设置自动添加转场效果的具体操作步骤如下：

① 在"编辑"窗口下，选择"设置"→"参数选择"命令，如图 6-55 所示。

② 在"参数"选择窗口下，选择"编辑"选项卡，如图 6-55 所示。

③ 在"编辑"选项卡下的"自动添加转场效果"前打"√"，如图 6-55 所示。

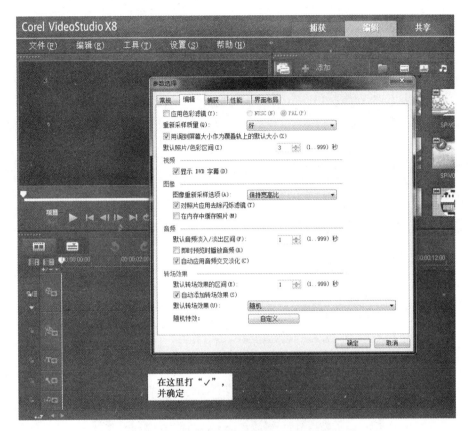

图 6-55　设置自动添加转场效果的流程图

3）设置画面默认的播放时间。

设置画面默认播放时间的具体操作步骤如下：

①在"编辑"窗口下，选择"设置"→"参数选择"命令，如图 6-56 所示。

②在"参数选择"窗口下，选择"编辑"选项卡，如图 6-56 所示。

③在"编辑"选项卡下，把"插入图像 / 色彩素材的默认区间"设置为 3，如图 6-56 所示。

4）在时间轨中添加图片、视频等各类素材。

在时间轴上右击鼠标，分别导入图片、视频等素材，如图 6-57 所示。

5）增加片头片尾。

设置画面默认播放时间的具体操作步骤如下：

①在"编辑"窗口下，选择"图形"素材库中的任一素材，如图 6-58 所示。

②把素材拖拽到图像所放置的时间轨上的第一个位置，如图 6-59 所示。

③单击"标题"选项卡，在刚添加的素材上输入标题。如图 6-60 和图 6-61 所示。使用同样的方法添加片尾。

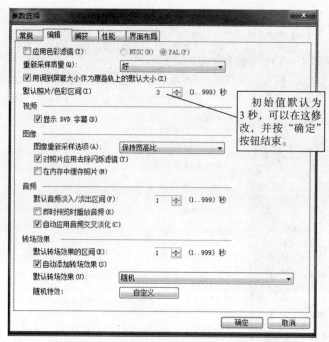

图 6-56　设置画面默认的播放时间

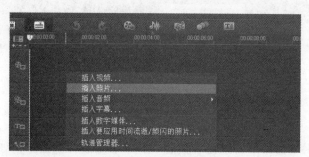

图 6-57　导入素材

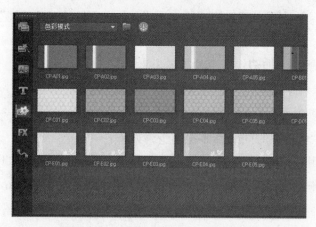

图 6-58　选择"图形"素材库中的图

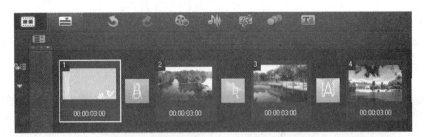

图 6-59　把色彩素材拖到故事情节面板的第一个位置

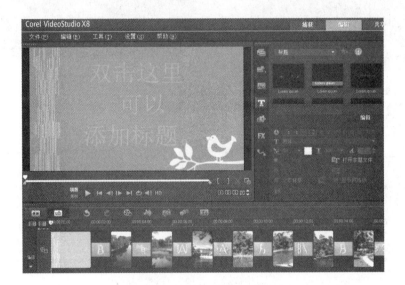

图 6-60　切换到"标题"选项卡

图 6-61　输入标题

6）添加音乐文件。

在视频编缉区的音频轨道上右击鼠标，选择插入音乐文件，这样就可以为电子相册添加背景音乐，如图 6-62 所示。

图 6-62   添加音乐图

7）为照片添加文字描述。

除了片头和片尾有文字以外，中间位置都没有文字内容，可以按照设计片头文字的方法，为对应的文字轨上的图片添加文字描述。每组描述文字要和对应的图像时间长度一样，画面才美观。添加文字的方法如图 6-63 所示。

8）影片的完善与输出。

通常情况下，最后要修改的是音乐部分，把程序界面切换到音频编辑状态，先在时间轨上把音乐的长度调整到结束的状态，然后在程序界面左边的音频面板上按下音乐淡出按钮，作品结束时背景音乐同时就会淡出。

各项工作做完后，最后一道工序就是选择"共享"，可以选择视频文件的输出方式，直接把视频文件输出成为 MPEG 格式、DVD 或 VCD 等文件（见图 6-64）。如果计算机配有刻录机，也可以直接刻录成 VCD、SVCD、DVD 等光碟（见图 6-65）。

图 6-63　添加文字

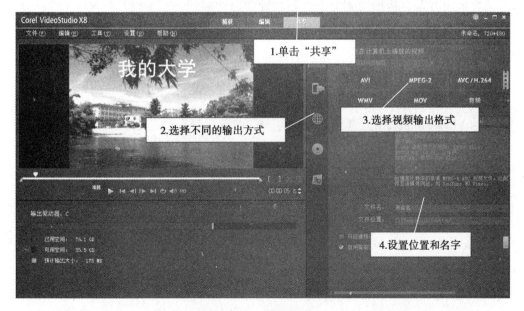

图 6-64　影片输出图

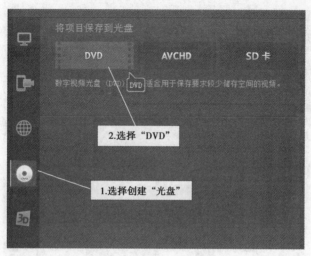

图 6-65　创建光盘的流程图

本章小结

　　本章首先介绍了 VideoStudio X8 视频编辑软件的常用界面和功能，对相关的功能面板和命令进行了详细介绍。接着通过 MTV 电子相册和校园风光影视作品 2 个实例，进一步展示了 VideoStudio X8 视频编辑软件在多媒体作品设计上的步骤流程。该软件的主要特点是：操作简单，适合家庭日常使用；具有完整的影片编辑流程解决方案，从拍摄到分享、新增处理速度加倍。它不仅符合家庭或个人所需的影片剪辑功能，甚至可以挑战专业级的影片剪辑软件。普通大众可轻松使用该软件制作自己的影片。

本章练习

1. 启动 VideoStudio X8，选择"设置"→"参数选择"→"编辑"命令，设置自动添加转场效果。

2. 在 VideoStudio X8 编辑窗口下，在时间轨中添加图片、声音、视频等各类素材，并添加字幕。

3. 为在时间轨上已编辑处理好的作品添加片头和片尾。

4. 在 VideoStudio X8 编辑窗口下，选择"分享"→"创建视频文件"命令，分别创建 WMV、MPEG 格式文件。

5. 在 VideoStudio X8 编辑窗口下，选择"分享"→"创建光盘"命令，刻录成 DVD 光盘。

第7章 多媒体作品综合设计

本章导读

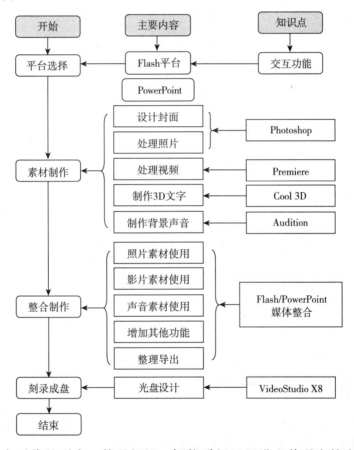

随着数字时代的到来，数码相机、智能手机已经进入普通人的生活。本章将综合前面几章所学到的知识来制作一个电子相册。在这个例子中，我们将把照片、视频等素材的制作、平台的选择以及媒体的整合等知识进行融会贯通，完成一个生动呈现自己生活照片的实际应用。这样，能随时和亲友在网络中一起分享，回味美好时光。

7.1 选择制作平台

在互联网上，各种制作电子相册的软件层出不穷，既有下载到本地电脑的单机版制作软件，又有各种在线制作相册的网上平台，但这里我们不选择这些平台。首先，对学习多媒体技术而言，现成平台的功能强大，且代码已经封装好，不便于学习者学习；其次，无法学习多媒体作品的制作过程，从中体会制作的思想或思路，尤其无法掌握如何综合运用各种软件工具来完成一件作品，使声音、视频、画面等和谐地融为一体，突出地表现主题。

本章将综合运用前面各章讲述的知识点，综合运用各种工具来完成一个较大规模的多媒体作品的设计制作。我们将分别以 Flash CS6 和 PowerPoint 2016 为设计框架来制作一个交互式的相册，前者是一个带有鼠标翻页效果的"书本"相册，后者是基于更通用的幻灯片平台。对于设计 3D 字体动画，要用到 Cool 3D；一些素材页（如封面、封底等）要用到 Photoshop 来设计和处理；对于视频剪辑，要用到 Premiere；对于音频，要用到 Audition 进行混音或消除背景等；对于旁白录制，要用到声音采集手段；最后如果要刻成光盘，还要用 VideoStudio X8 方便地制作成各种不同刻录规格的 DVD 盘片。

接下来我们就详细介绍制作过程。

7.2 素材的制作

既然要制作电子相册，就少不了数码照片。现在多用数码相机、手机拍摄得到照片；对于老式照片，可以用彩色扫描仪将其数字化。相册封面可以用 Photoshop 来设计，比如自己绘制漂亮的图片，同时可以用 Photoshop 对数码照片进行修复或加入各种艺术效果；对于视频，用录制设备拍摄完成后，可以采集输入电脑，再进行转化和处理，就构成其中的视频页。而一些动画更是可以直接用 Flash 来制作。

7.2.1 使用 Photoshop 设计封面

要用 Photoshop 制作一个超炫光线效果的封面，就要用到 Photoshop 中的钢笔和图层样式工具，这个效果极具视觉冲击力。

1）打开 Photoshop 软件后，选择"文件"→"新建"命令，在打开的"新建"对话框中设置参数，要求页面宽度为 500 像素，高度为 375 像素，如图 7-1 所示。

2）单击"确定"按钮，创建一个新文件。

3）利用"渐变工具"填充一个由棕红色到黑色的径向渐变，前景色和背景色分别设置为 #922f00 和 #000000，如图 7-2 所示。

4）按 Ctrl+J 快捷键复制一个图层，将复制所得图层的混合模式改为"颜色减淡"，使之更加鲜艳，如图 7-3 所示。

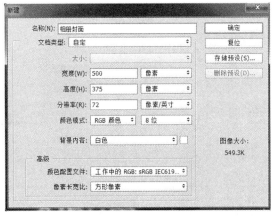

图 7-1　"新建"对话框

图 7-2　渐变填充图

图 7-3　修改图层模式

5）接着建立一个新图层，选择"滤镜"→"渲染"→"云彩"命令，增加背景纹理，如图 7-4 所示。

6）将云彩图层的混合模式改成"叠加"，不透明度设置为 30%。再选择"滤镜"→"滤镜库"→"素描"→"铬黄渐变"命令，使用默认值，如图 7-5 所示。

7）下面新建图层，选择工具箱中的钢笔工具，绘制出光线的大体轮廓，如图 7-6 所示。这里也可以用其他工具。

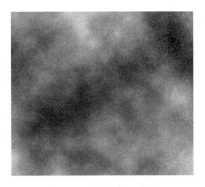

图 7-4　增加纹理背景

8）接着使用"画笔工具"为上面的路径描边。先单击工具箱中的"画笔工具"，在属性栏上单击右三角 ![icon] 后，在弹出的菜单中选择"描边缩览图"命令，如图 7-7 所示。

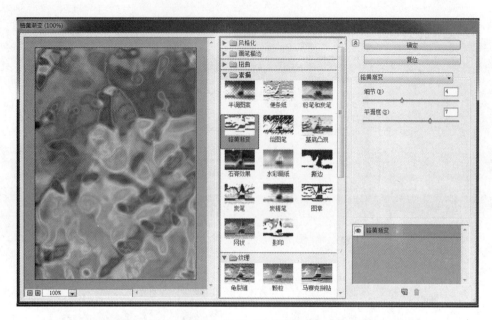

图 7-5 设置"铬黄渐变"

图 7-6 创建光线的工作路径

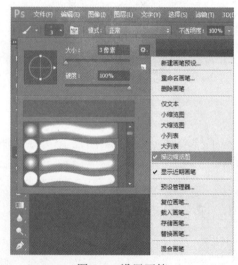

图 7-7 设置画笔

9）选择"钢笔工具"，在路径面板右击路径，然后在弹出的快捷菜单中选择"描边路径"，如图 7-8 所示。

10）回到图层面板，右击该图层，为该图层添加投影、外发光和颜色叠加图层样式，设置如下：在"投影"项上设置投影颜色为黄色，"外发光"项上设置颜色为红色，在"颜色叠加"项上设置颜色为白色，其他选项设置如图 7-9所示。

图 7-8　设置描边路径

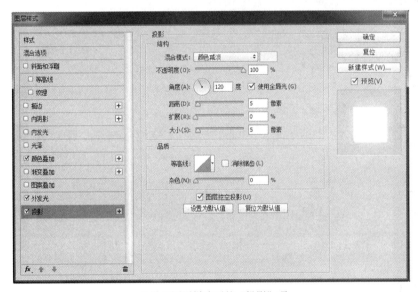

a）设置图层样式下的"投影"项

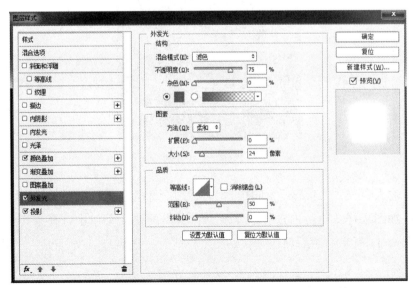

b）设置图层样式下的"外发光"项

图 7-9　设置图层样式

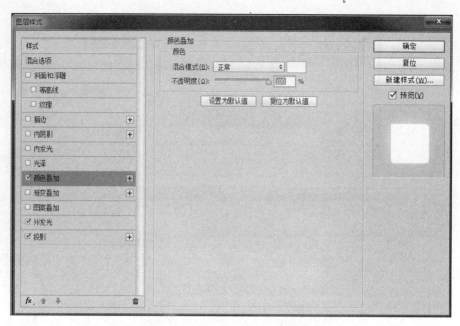

c）设置图层样式下的"颜色叠加"项

图 7-9 （续）

11）设置完成后，把图层模式改为叠加。按同样方法发挥自己的想象力再做几条发光的光线效果，设置图层效果和上面一样。读者也可以按自己的想法去设置图层样式，如图 7-10 所示。

图 7-10　完成光线

12）输入英文"Album"，同样也为文字层设置与上面相同的投影、外发光和颜色叠加图层样式。可右击光线图层，在弹出的快捷菜单中选择"拷贝图层样式"，如图 7-11 所示。然后使用"粘贴图层样式"应用到"英文"图层，如图 7-12所示。

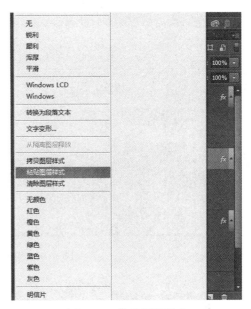

图 7-11　拷贝图层样式　　　　　　　　　图 7-12　粘贴图层样式

13）为了使效果更酷，还可用笔刷添加一些自定义图形效果。最终效果如图 7-13 所示。最后将其存储为 JPEG 格式的图像文件，这样相册封面素材就做好了。

图 7-13　最终效果

7.2.2　使用 Photoshop 处理数码照片

用 Photoshop 处理数码照片的方法如下：

1）裁剪照片。在本相册中，所有的照片都要裁剪成大小范围在 500 像素 ×375 像素以内，所以对于图像大小超过此标准的照片先要进行裁剪。方法是选择"图像"→"图像大小"命令，把照片按比例缩小，如图 7-14 所示，可以看出，原始图片宽度还是多出一些。接着用"矩形工具"固定好宽度和高度范围进行裁剪，如图 7-15 所示。

图 7-14　调整图像大小

图 7-15　裁剪照片

2）添加相框。首先用"矩形工具"选择原照片约90%的区域，如图 7-16 所示。

接着，选择"选择"→"反选"命令，把图层接触锁定，按 Cttl+C 快捷键复制反选后的 10% 区域，在图层面板按 Cttl+J 快捷键新建图层，再按 Cttl+V 快捷键粘贴；最后右击"图层 1"，在弹出的快捷菜单中选择"混合选项"命令，设置如图 7-17 所示。

图 7-16　选择区域

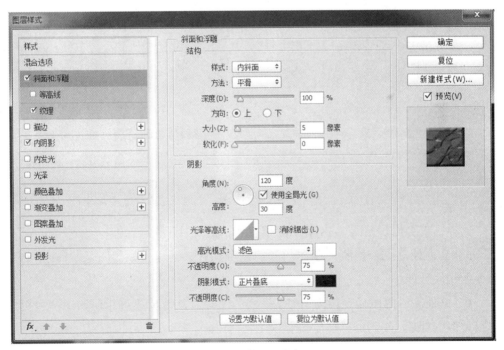

a）设置斜面和浮雕

图 7-17　设置图层样式

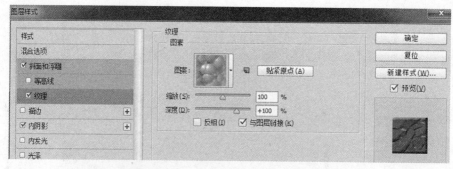

b）设置任一纹理图案

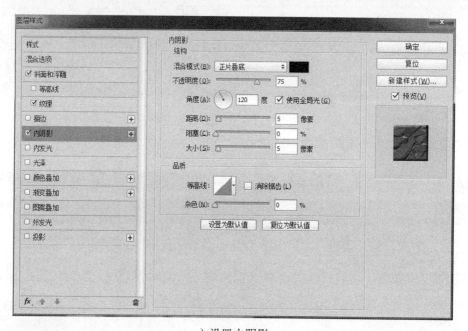

c）设置内阴影

图 7-17 （续）

这样，就会出现如图 7-18 所示的带有相框的照片了。

3）其他处理。若该照片存在色彩偏色等问题，还可以用"图像"→"调整"命令做相应处理。

4）将处理后的照片导出为 JPEG 格式的图片。其他要放进相册的图片也可以进行类似的处理。

7.2.3 使用 Premiere 处理数字视频

若平时用数码设备录下一些镜头片段，则可以把这些处理成视频放到相册中，作为视频页的素材。在本例中，我们选择一个用 640 像素 ×400 像素拍摄的视频片段，要从中裁剪出一个片段，同时要加一个说明文字标题，并把录制的伴音除去，换成一首清楚的背景音乐。处理的方法如下：

图 7-18　最终样式

1）打开 Premiere 软件，导入可支持的视频录像，并把素材拖拽到时间线上，右击视频线上的视频块，解除视音频链接，如图 7-19 所示。

图 7-19　解除视音频链接

2）截取所需片段。用工具栏中的"剃刀工具"分出所需的视频。为便于观察，可以把时间线放大，一般把拍摄时振动的镜头除去；截完后清除不用的视频段，并把该段视频移动到 0 秒处，如图 7-20 所示。

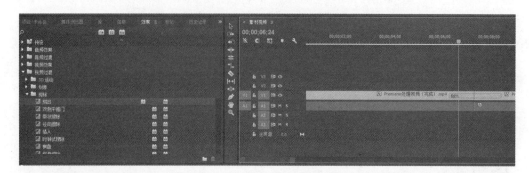

图 7-20　裁剪视频段

3）添加视频转场特效。在属性面板中选择"效果"选项卡，选择任意一个自己喜欢的转场特效添加到两段视频切割处，如图 7-21 所示。

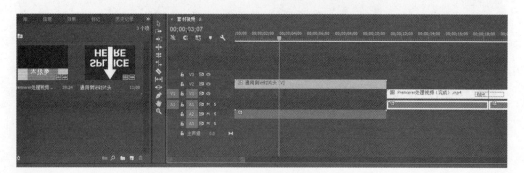

图 7-21　添加视频转场特效

4）添加倒计时片头。在项目面板上右击鼠标，在弹出的快捷菜单中选择"新建项目"→"通用倒计时片头"，设置好参数后插入到开头，如图 7-22 所示。

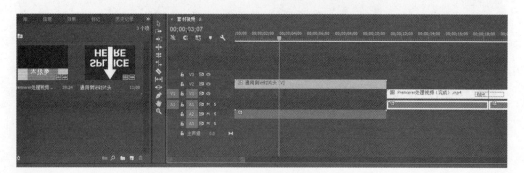

图 7-22　添加倒计时

5）添加文字说明。选择"字幕"→"新建字幕"→"新建镜头字幕"命令，挑选自己喜欢的样式为视频添加开头字幕，如图 7-23 所示。最后把字幕拖动到倒计时后。

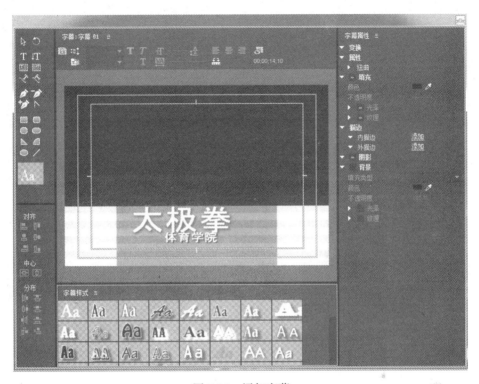

图 7-23　添加字幕

6）处理音频。单击"效果"选项卡，里面内置了许多预定的音频效果可供选择。单击其中的"消除嗡嗡声"、"消除齿音"，如图 7-24 所示。拖拽应用到音频轨道中，可以消除现场录制时的杂音。

图 7-24　最终时间线

7）选择"文件"→"导出"→"媒体"命令导出视频，如图 7-25 所示。

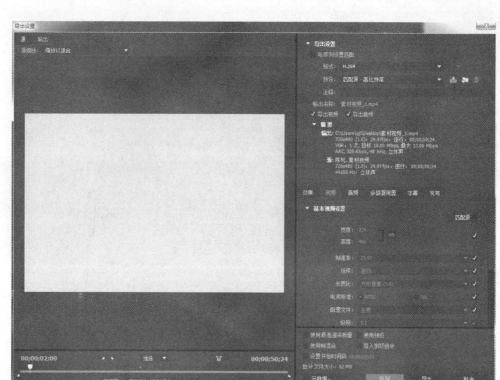

图 7-25　导出设置

7.2.4　使用 Cool 3D 制作 3D 文字图像

用 Cool 3D 制作 3D 文字图像的步骤如下：打开 Cool 3D 后，选择"文件"→"新建"命令，新建一个文件；再点击属性栏的"工作室"→"背景"导入一张照片，之后单击"插入文字"按钮输入相应文字，再单击"照明特效"→"镜头闪光"为文字添加闪光的 3D 动画效果，如图 7-26 所示。

接着，点击"文件"→"导出到 Macromedia Flash"命令，将其导出为 Flash 格式的文件。

7.2.5　使用 Audition 混缩旁白和背景声音

很多电子相册都配有优美的背景音乐。对于声音的处理，可以使用 Audition，本例中使用这个软件把自己录制的声音和其他音乐混合起来，并且可以应用许多音效，如淡入淡出、增减音量等。

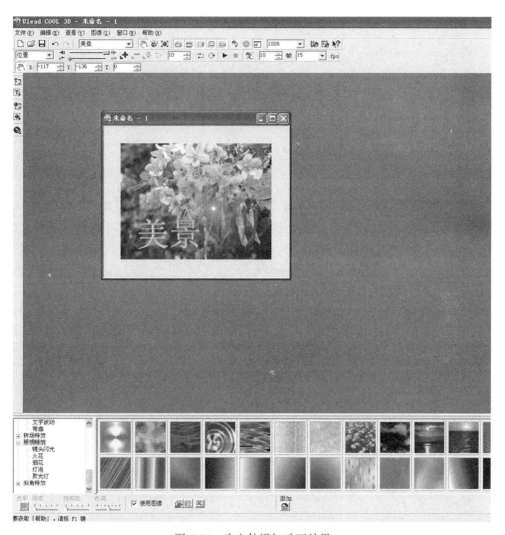

图 7-26　为文件添加动画效果

1）打开 Audition 软件，选择"波形"视图，把话筒连入电脑并设置好录制设备（见 2.2.2 节），选择"编辑"→"首选项"→"音频硬件"命令，选择相应的设备，如图 7-27 所示。

2）录制旁白，如图 7-28 所示。录完后，选择对音频进行裁剪，并选择"效果"→"降噪"命令对音频进行处理。读者可边听边选择相应命令进行处理，直至达到满意的效果为止。如图 7-29 所示。

3）切换到"多轨"视图，把处理过的录音拖拽到"多轨"视图的"轨道 1"，而"轨道 2"导入一首背景音乐，通过右击鼠标可以移动声音块。如图 7-30 所示。

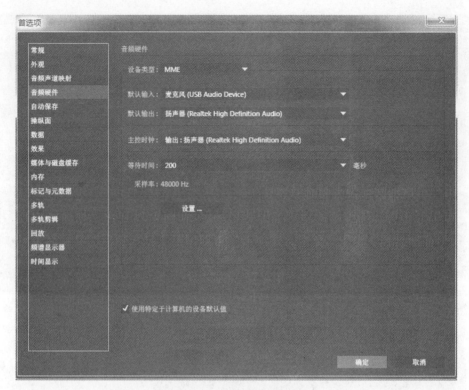

图 7-27　确认录音设置

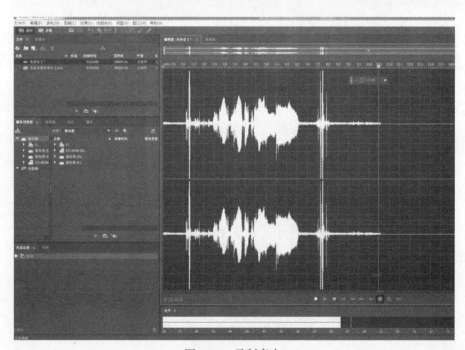

图 7-28　录制旁白

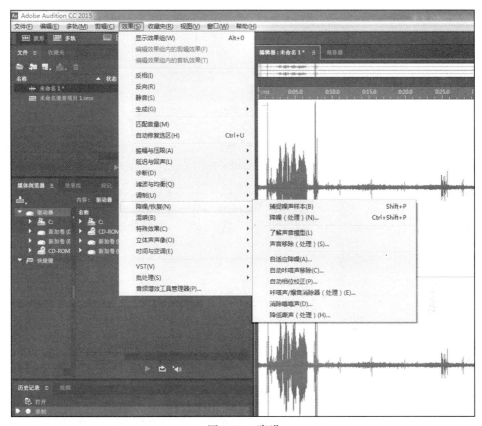

图 7-29　降噪

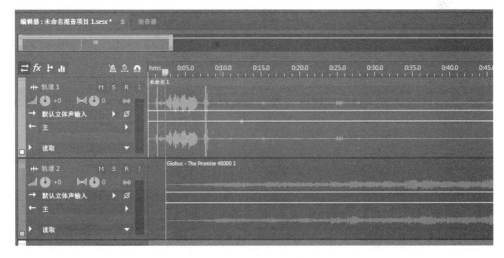

图 7-30　混缩多个音频

4）选择"剪辑"→"淡入/淡出"命令，为音频开头和结尾增加淡入淡出音效。

5）选择"文件"→"导出"→"多轨混音"→"整个会话"命令，将处理过的音频导出为 MP3 格式，使两个声音合成在一起。

7.3 基于 Flash CS6 平台的相册制作

经过各种软件处理的素材已经成为我们需要的形式了，现在只需在 Flash 平台中整合这些素材。

7.3.1 照片素材的使用

1）打开 Flash CS6，选择"文件"→"新建"命令，单击"从模板新建"选项卡，选择"媒体播放"→"简单相册"命令，创建带导航按钮的相册，如图 7-31 所示。

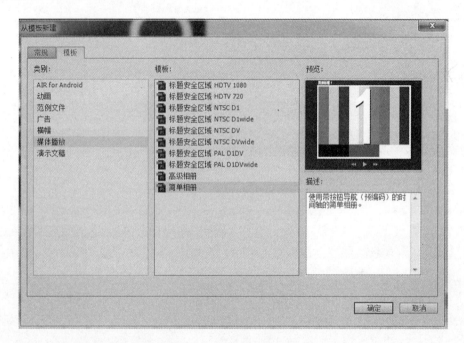

图 7-31 从模板创建相册

2）将 Photoshop 处理过的图片导入到库。选择"文件"→"导入"→"导入到库"命令，导入按 500 像素 * 375 像素处理的图片，如图 7-32 所示。

3）定位"图像"图层，将 1 ~ 4 帧的占位图像替换为要导入的照片。对占位图像右击鼠标，在弹出的快捷菜单中选择"交换位图"命令，如图 7-33 所示。根据需要换成导入的照片。

图 7-32 导入照片到库

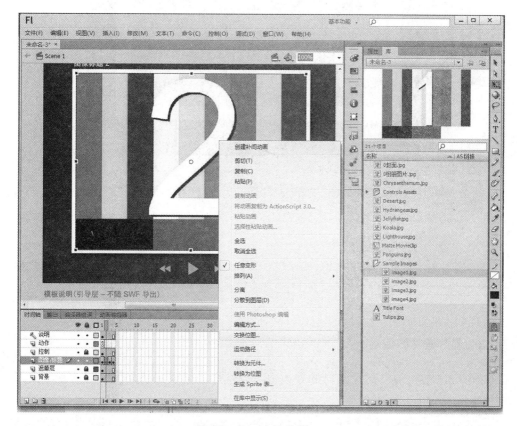

图 7-33 交换位图

4）在 Flash 的舞台结合使用"移动工具"和快捷键 Q，对替换后的照片进行缩放和移动。

其他页照片的导入方法同上。虽然模板只有 4 帧，但可以通过复制帧的办法进行扩充，从而导入任意数量的图片。

7.3.2 文字动画素材的使用

1）导入 Cool 3D 制作的 GIF 动画。在 Flash 中按 Ctrl+F8 快捷键新建一个影片剪辑元件，通过鼠标拖拽或使用导入命令的方法将其导入到该影片剪辑元件中。

2）回到主场景，删去某一占位图，并替换成该影片剪辑元件，如图 7-34 所示。

图 7-34 导入 GIF 动画

7.3.3 影片素材的使用

同 7.3.2 节类似，影片素材的导入也可以选择一帧或几帧来作为导入视频的页面。下面以其中一帧为例。

1）选择"图像层"，把播放头移动到相应的帧上，接着导入之前制作好的影片文件（由于 Flash 对 FLV 格式的视频支持度最好，所以导入前用"格式工厂"等转换格式的软件按原来编码和分辨率转换成 FLV 格式的视频），选择"文件"→"导入"→"导入视频"命令，如图 7-35 所示。

2）调整导入视频的位置和大小，如图 7-36 所示。

图 7-35　导入视频

图 7-36　导入后的视频

7.3.4 声音素材的使用

　　为了添加一首背景音乐，回到"场景 1"，新建一层专门放置导入的音乐，选择"文件"→"导入"→"导入到库"命令，把背景音乐素材导入到库，单击该层第 1 帧，在属性栏内的声音处选择要播放的背景音乐，其他设置如图 7-37 所示。

图 7-37　设置背景音乐

7.3.5 增加功能设置

　　模板自动设置了延迟的时间，若要编辑延迟和自动启动设置，可以打开动作面板并单击"动作"图层。

　　前 2 行的源代码为：

```
var autoStart:Boolean = false; //true, false
var secondsDelay:Number = 2; // 1-60
```

　　修改"autoStart:Boolean = false"为"var autoStart:Boolean = true"，可以设置自动启动为开启。

　　修改"secondsDelay:Number =2"的数值可以设置延迟的时间。

7.3.6 整理导出

　　按 Ctrl+Enter 快捷键导出成 SWF 播放格式的影片后，本章要制作的电子相册就完成了，在前面的制作环节，可随时进行测试导出。而最后的导出方式有几种类型，包括网页版本、自动播放器的单机版本、MAC（苹果电脑）放映的版本，如图 7-38 所示，读者可根据需要自行选择。

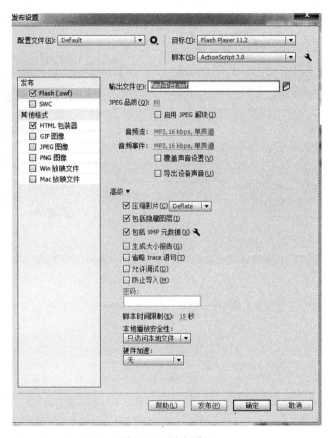

图 7-38　导出设置

7.4　基于 PowerPoint 2016 平台制作相册

Flash 平台的优势在于其交互性强，而 PowerPoint 平台的优势是覆盖面广，电脑系统上的 Office 软件中一般都有 PowerPoint 软件。下面将介绍基于 PowerPoint 2016 平台来制作相册。7.2 节制作的一系列多媒体素材都能导入到 PowerPoint 中。

7.4.1　导入文件夹系列图片

1）打开 PowerPoint 软件后，选择"插入"→"相册"→"新建相册"命令，选择图片素材到幻灯片中，如图 7-39 所示，并调整照片出场的顺序。

2）调整导入图片的大小。由于 PowerPoint 2016 默认是宽屏设置，而素材图片大小不是按宽屏设置制作的，不一定能适应 PowerPoint 舞台尺寸，所以需要调整舞台为标准屏幕。单击"设计"选项，选择"幻灯片大小"按钮，设置为"4:3"，如图 7-40 所示。

图 7-39　新建相册

图 7-40　PowerPoint 大小设置

7.4.2　导入影片素材

新建一张幻灯片（出场位置自定），选择"插入"→"视频"→"PC 上的视频"命令，插入制作好的视频，如图 7-41 所示。调整好大小并设置好播放参数。

7.4.3　导入音乐素材

选择"插入"→"音频"→"PC 上的音频"命令，插入制作好的音频。为了从头就开始播放音乐，该命令需要在第一张幻灯片上使用。为不影响画面，需把小喇叭样式设置为"在后台播放"，如图 7-42 所示。设置播放参数为"跨幻灯片播放"，如图 7-43 所示。

7.4.4　导入 Flash 动画

若有精彩的 Flash 动画，也可以导入进来。方法是：选择"文件"→"选

项"→"自定义功能区"命令，在弹出的菜单中勾选"开发工具"，如图7-44
所示。

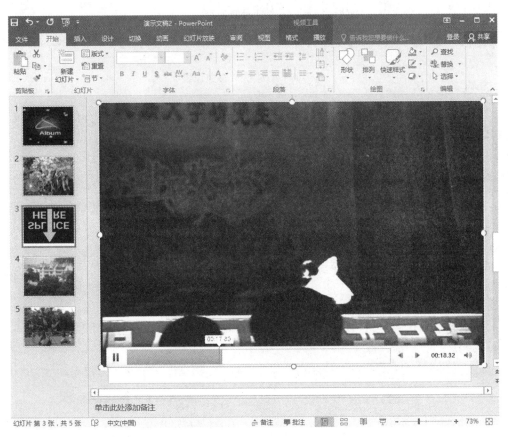

图 7-41　PowerPoint 导入视频

图 7-42　PowerPoint 导入音频

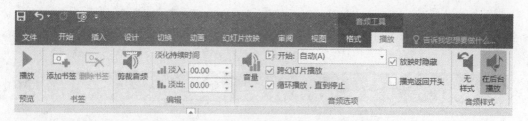

图 7-43   音频播放参数设置

图 7-44   勾选 "开发工具"

单击 "开发工具" 选项卡，选择 "其他控件" 按钮，在弹出的菜单中选择 "Shockwave Flash Object"，如图 7-45 所示。

单击 "确定" 按钮，在舞台上拖拽出一个占位图并设置好大小。右击该占位图，在弹出的菜单中选择 "Movie"，在此处输入要导入动画的路径，如图 7-46 所示。若想把 Flash 嵌入 PowerPoint（整合进 PowerPoint，不是外链的方式），需将 "EmbedMovie" 处设置为 "True"。

图 7-45 "其他控件"窗口

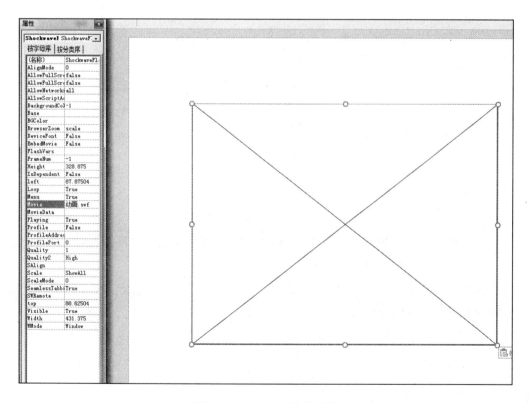

图 7-46 "Flash"控件设置

7.4.5　制作图片动画

使用 PowerPoint 内置的动画效果可以为每张图片或文字添加不同的动画效果，有效运用各种动画，就可以形成动感有趣的图片。以一张图片为例，制作方法如下：选择"动画"选项卡，单击下拉箭头展开动画设置选项，如图 7-47 所示。在"进入"类别选择"擦除"，并设置好时间和方向。

如果结合触发器来使用，还能制作可以进行交互控制的按钮来对图片或文字进行控制。有兴趣的读者可参阅相关书籍。

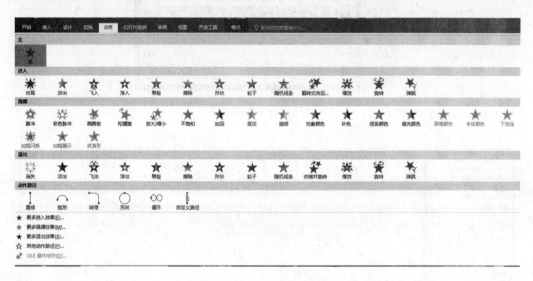

图 7-47　Flash 动画设置

7.4.6　导出并刻录成 DVD

制作好的 PowerPoint 可以导出为 MP4 视频格式，在选择保存类型的时候，选择 MP4 格式进行保存即可，如图 7-48 所示。

这样，就可以使用会声会影做进一步的编辑。下面是使用会声会影来刻录 DVD 的步骤，具体的操作步骤如下：

1）在刻录机中放入 DVD 空白盘。

2）打开会声会影软件，在"共享"中选择"创建光盘"按钮 ◉，如图 7-49 所示。

3）单击"下一步"按钮，选择相应参数模板，直至进入刻录窗口画面，即可开始刻录，如图 7-50 所示。

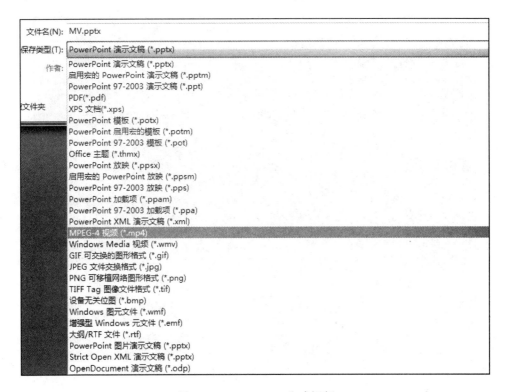

图 7-48　PowerPoint 生成视频

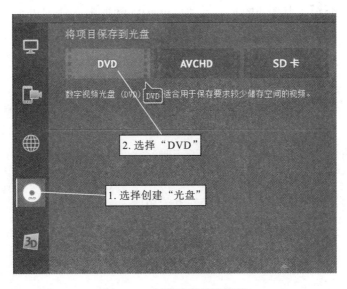

图 7-49　创建光盘的流程图

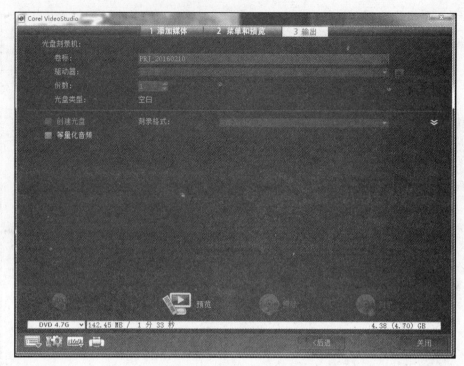

图 7-50 "刻录"开始窗口图

本章小结

本章主要介绍了基于 Flash 平台和 PowerPoint 的电子相册的制作过程，其中包含了综合运用各种软件制作该电子相册的主要步骤，有助于掌握多媒体作品设计的完整过程。读者应体会这种解决综合问题的思路，以及理论指导下的技术运用。

本章练习

1. 现在网上有哪些新平台可以制作电子相册？它们各有什么特色？
2. 本章中使用了哪些软件来制作？该电子相册还能做怎样的修改？
3. 请用本章给出的方法制作一个自己的电子相册。

参 考 文 献

[1] 方其桂. 多媒体 CAI 课件制作实例教程 [M]. 3 版. 北京：清华大学出版社，2008.

[2] 老松杨，等. 多媒体技术实用教程 [M]. 北京：人民邮电出版社，2010.

[3] 林福宗. 多媒体技术基础 [M]. 3 版. 北京：清华大学出版社，2009.

[4] 云舟工作室. Cool 3D 简明教程 [M]. 北京：中国电力出版社，2001.

[5] 梵绅科技. 会声会影 X2 中文版从入门到精通 [M]. 北京：北京科海电子出版社，2009.

[6] 洪小达，等. 多媒体技术与应用教程 [M]. 2 版. 北京：中国铁道出版社，2008.

[7] 侯宝中，等. Photoshop 图像处理案例汇编 [M]. 北京：中国铁道出版社，2006.

[8] 赵英杰. Flash ActionScript 高级编程艺术 [M]. 北京：电子工业出版社，2006.

[9] 张明，等. 多媒体课件制作教程 [M]. 北京：机械工业出版社，2005.

[10] Corel VideoStudio Pro X8 帮助网站 [EB/OL]. http://help.videostudiopro.com/ videostudio/v18/main/CS/documentation/wwhelp/wwhimpl/js/html/wwhelp. htm#href=Corel-VideoStudio-Pro-intro-page.html.

[11] Premiere Pro CC 帮助网站 [EB/OL]. https://helpx.adobe.com/premiere-pro/ how-to/edit-videos.html.

[12] Flash Pro CS6 帮助网站 [EB/OL].https://helpx.adobe.com/cn/animate.html.

推荐阅读

计算机图形学及其实践教程

作者: 黄静 等 ISBN: 978-7-111-50384-2 定价: 49.00元

计算机图形学原理

作者: 张康 等 ISBN: 978-7-111-39040-4 定价: 29.00元

数字图像处理 第2版

作者: 姚敏 等 ISBN: 978-7-111-37506-7 定价: 39.00元

数字图像处理原理与实现方法

作者: 全红艳 等 ISBN: 978-7-111-44727-6 定价: 39.00元

推荐阅读

实时分析：流数据的分析与可视化技术

作者：拜伦·埃利斯 ISBN：978-7-111-53216-3 定价：79.00元

图分析与可视化：在关联数据中发现商业机会

作者：理查德·布莱斯 等 ISBN：978-7-111-52692-6 定价：119.00元

树之礼赞：信息可视化方法与案例解析

作者：曼纽尔·利马 ISBN：978-7-111-51518-0 定价：79.00元

视觉繁美：信息可视化方法与案例解析

作者：Manuel Lima ISBN：978-7-111-42077-4 定价：79.00元

信息可视化：交互设计（原书第2版）

作者：Robert Spence ISBN：978-7-111-36246-3 定价：59.00元

数据可视化之美

作者：Julie Steele 等 ISBN：978-7-111-33796-6 定价：89.00元

推荐阅读

C语言程序设计教程 第3版

作者: 朱鸣华 等 ISBN: 978-7-111-44998-0 定价: 35.00元

C语言程序设计

作者: 赵宏 等 ISBN: 978-7-111-40938-0 定价: 35.00元

数据结构与算法设计

作者: 王晓东 ISBN: 978-7-111-37924-9 定价: 29.00元

微型计算机原理及接口技术

作者: 董洁 等 ISBN: 978-7-111-41860-3 定价: 35.00元